能源转型与智能电网

NENGYUAN ZHUANXING
YU ZHINENG DIANWANG

陈允鹏　黄晓莉　杜忠明 等　编著

中国电力出版社
CHINA ELECTRIC POWER PRESS

内 容 提 要

本书从能源发展的背景和趋势出发，剖析了能源转型发展面临的新挑战和新需求，提出了未来能源发展新模式，并明确了智能电网在能源转型和发展进程中的关键作用。书中主要内容包括能源发展背景、能源转型发展需求及模式创新、智能电网在能源转型中的核心作用，以及智能电网架构和建设等。

本书可供能源、电力行业从业者从宏观角度了解行业的基本概念和发展趋势，尤其适用于关注能源转型及智能电网技术和发展的人士，为他们提供基础背景、概念和技术信息。同时，本书还可供高等院校相关专业师生参考阅读。

图书在版编目（CIP）数据

能源转型与智能电网／陈允鹏等编著. —北京：中国电力出版社，2017.8（2022.8重印）
ISBN 978-7-5198-1114-3

Ⅰ. ①能… Ⅱ. ①陈… Ⅲ. ①智能控制-电网-研究-中国
Ⅳ. ①TM76

中国版本图书馆 CIP 数据核字（2017）第 214914 号

出版发行：中国电力出版社
地　　址：北京市东城区北京站西街 19 号（邮政编码 100005）
网　　址：http://www.cepp.sgcc.com.cn
责任编辑：王春娟（010-63412350）　曹　慧
责任校对：郝军燕
装帧设计：张俊霞　赵姗姗
责任印制：石　雷

印　　刷：北京瑞禾彩色印刷有限公司
版　　次：2017 年 8 月第一版
印　　次：2022 年 8 月北京第五次印刷
开　　本：710 毫米×980 毫米　16 开本
印　　张：10.5
字　　数：172 千字
印　　数：8501—9000 册
定　　价：62.00 元

近年来，随着信息通信技术的飞速发展，互联网经济蓬勃兴起，给社会生活的方方面面带来深刻的改变。以"第三次工业革命"为代表的新经济思想受到广泛关注，人们津津乐道地谈论着互联网经济对传统行业的颠覆，仿佛旧的世界已经摇摇欲坠，新的秩序即将重构。在能源领域，"智能电网""智慧能源""能源互联网"等新概念层出不穷，能源云、物联网、区块链等技术形态被追捧、被炒作，甚至被神化，让人感到既振奋欣慰，又心存忧虑。

经济社会的发展，有其固有的规律，能源行业作为资金和技术高度密集的传统产业，更是有其庞大的惯性及发展轨迹。早在 20 世纪 80 年代初，美国学者托夫勒在其著作《第三次浪潮》中，就为人们描绘出信息技术革命将对人类社会经济发展带来的深远影响。但就个人的经历而言，真正深切地感受到新经济对我们日常生活的改变，应该是在 2000 年以后国内互联网经济的兴起，从最初的新浪、搜狐、网易三大门户到如今的"BAT"……新经济的概念从提出到真正开始影响我们的生活，又经历了二十余年的时间。在能源领域，对于现阶段信息技术可能带来的改变，我本人并不乐观。杰里米·里夫金在 2012 年出版的《第三次工业革命》一书中提出"能源互联网"的概念，在我国一度风靡并受到热捧，但由于能源与信息技术固有的差异性，能源互联网目前只能代表一种新能源经济的思想，尚无法作为一种技术模式或体系实现。

与此同时，能源领域面临的最为迫切的挑战来自于可再生能源的高比例渗透及能源工业绿色可持续发展。在总体趋势上，可再生能源替代化石能源、分布式能源替代集中式能源、传统化石能源清洁高效利用的发展方向毋庸置疑。今后相当长的一段时期内，非化石能源大都会以电力的形式存在，新能源的发展事实上就是电力的发展。电力工业长期以来遵循工业化的发展思路，追求集中化、同步化、标准化、专业化、集权化，在应对新能源随机性、波动性、分散性等问题上显得有些南辕北辙，而第三次工业革命所倡导的信息化、智能化、分布式，为能源绿色发展提供了新的思路和借鉴，这也是智能电网提出的背景和初衷。但作为能源工作的从业者，需要有清醒的认识，智能电网的发展远未到全面爆发的阶段，需要开展大量艰苦卓绝的工作，推动概念的落地与实现。

本书作者在这方面展开了很好的探讨。书中并没有空谈概念，而是从能源发展的趋势出发，抽丝剥茧地梳理能源发展的新需求及新思路，提出智能电网作为未来能源体系发展的核心，是支撑产业发展和社会进步的关键环节。真正"撸起袖子、俯下身子"，研究智能电网在电网发展过程中如何落地的现实问题，梳理出 5 个环节、4 个支撑体系、9 大重点领域、32 项重点建设任务，有较强的可操作性和现实指导意义。

作者给出了智能电网完整的技术架构，从实施的角度来说，建议在现阶段分清主次，重点突破。总的来看，智能电网的开展无外乎三个方面：硬件、软件、平台。硬件上主要指基础设施及设备的智能化，软件上主要指智能调度及综合能源服务，平台主要是电力大数据智能决策平台及数据服务。三个方面有所突破，才能真正把智能电网从概念转化为切实可行的模式，真正推动我国电力工业的转型发展。

衷心祝愿作者开展的工作能够为我国能源转型发展开创新的篇章！

中国能源建设集团有限公司总工程师、首席信息官　吴云

2017 年 8 月

前　言

　　发展是人类进步的永恒主题，能源是人类社会生存发展的重要物质基础，也是世界经济发展的重要动力。纵观人类社会发展的历史，人类文明的每一次重大进步都伴随着能源的改进和更替。从整个工业发展史来看，能源创新是工业革命的驱动力。至今，人类已经历过三次能源革命，第一次能源革命是人工火的发明和使用，是人类进入文明时代的标志；第二次能源革命是蒸汽机的发明和应用，催生了第一次工业革命，带动了轻工业的发展；第三次能源革命是内燃机和电力的发明，推动了第二次工业革命，加快了重工业的发展，人类从此进入了电力时代。能源生产方式的革新改变了人类的生产和生活方式，是时代进步的重要标志。

　　如今，能源发展面临新的挑战和新的需求，新一次的能源革命正在开启。首先，化石能源的大规模利用产生了大量温室气体，而排放出的大量温室气体已对全球气候环境造成了严重威胁，全球气温变暖、冰川消融、海平面上升、极端天气等已初露端倪。其次，能源开发利用方式不合理造成的环境污染问题已成为世界各国面临的共同挑战。化石燃料在燃烧利用过程中会产生氮氧化物、硫化物和颗粒物等污染物，如果不改变人类的用能方式，环境污染将威胁人类的生存。最后，地球能源资源有限，人类对能源的需求量和消耗量不断增加，资源紧张与社会发展之间的矛盾日益突出，大力发展新能源和可再生能源，是人类社会可持续发展的重要保障。加快能源转型发展，构建清洁低碳、安全高效的现代能源体系推动了新一轮的能源变革，能源发展格局正经历着重大而深刻的变化。

　　电力系统在能源转型中发挥着关键作用，智能电网是未来能源体系的核心。电能是最清洁、最高效、最便捷的能源利用形式，也是新能源和可再生能源利用的最佳选择。智能电网通过提升电网的柔性，加强"源—网—荷—储"的高效互动，提高系统运行的灵活性和适应性，以满足新能源开发和多样互动用电需求，是能源行业结构性调整的关键。

智能电网自提出以来得到世界范围的广泛认同，经过十几年来的实践探索，其概念和特征、内涵与外延不断得到丰富和发展。随着全球新一轮科技革命和产业变革的兴起，先进信息技术、互联网理念与能源产业深度融合，推动着能源新技术、新模式和新业态的兴起，发展智能电网已成为保障能源安全、应对气候变化、保护自然环境、实现可持续发展的重要共识。

我国十分重视智能电网的发展。2015 年 7 月 6 日，国家发展改革委、国家能源局联合发布《关于促进智能电网发展的指导意见》，对智能电网的定义和目标做出了明确指示。然而，国内对智能电网的战略意义、具体定位与表现形态，以及如何建设落实等方面尚未明了。基于在能源与电力行业多年的工作经验和思考，本书作者对智能电网提出了自己的理解和观点，特编制成书。

本书从能源发展的背景和趋势出发，剖析了能源转型发展面临的新挑战和新需求，提出了未来能源发展新模式，并明确了智能电网在能源转型和发展进程中的关键作用。同时，对于如何发展智能电网提出了作者自己的理解和构想，明确了智能电网的定位、目标、总体架构、重点发展领域和重点任务。

全书共分四章：第一章分析了能源发展背景，从全球气候变化和国际气候环境政策出发，提出国际能源转型，并总结国外能源转型实践；同时，针对我国具体国情，提出我国能源转型和能源革命的需求。第二章探讨了能源转型发展趋势、需求及发展模式。在国内外能源背景和发展形势分析的基础上，提出了未来能源发展的几个趋势；从多个维度明确了能源转型发展的需求，分别提出了针对性的发展思路；总结了能源发展的新态势，提出了能源发展新模式，并描绘了能源发展的三个情景。第三章阐述了未来智能电网的理念，总结了美国、德国、日本、欧盟及中国等国家、地区智能电网的发展重点和技术路线，阐述了智能电网、能源互联网、信息互联网之间的联系和区别，提出了发展智能电网的重大战略意义。第四章分析了智能电网目前的发展基础；分析了能源转型发展新模式下，智能电网全方位的能力建设需求；用智能电网的理念对发电、输电、配电、用电等各个环节做出新的阐释，提出智能电网的架构体系，进而提出今后电网发展和智能电网建设的重点领域，从全局的高度指引智能电网建设和发展。

本书编写过程中，参与编写工作的还有中国南方电网有限责任公司王志勇、陈旭、彭波、樊扬，电力规划设计总院张韬、李振杰、古含、宗志刚、苗竹、熊雄、陈国栋、杨刚。

由于编写时间仓促，且受作者能力所限，书中难免存在疏漏和不足之处，恳请读者批评指正。

作　者

2017 年 7 月

目 录

序
前言

第一章

能源发展背景

第一节　全球能源发展与转型

一、全球气候变化压力

当前，世界能源消费以化石能源为主，煤炭和石油在能源结构中占主体地位。化石能源资源虽然储量大、开发利用方便，但随着工业革命以来数百年的大规模开发利用，地球所蕴藏的煤炭、石油、天然气等化石能源资源已被消耗近半，且能耗的速率有增无减。煤、石油、天然气在燃烧中所产生的二氧化碳等温室气体和各种烟尘污染物，引发了全球变暖、酸雨、雾霾等各种严重的气候和环境问题。

全球范围内二氧化碳排放量巨大，且呈现逐年增加的趋势。截至 2015 年，全球二氧化碳年排放量已经达到 363 亿 t，如图 1-1 所示。其中，美国由于经济发达且起步较早，二氧化碳排放量一直处于较高水平，在全球总排放量中占有较大比重；我国工业化起步较晚，早期二氧化碳排放量较低，改革开放后经济蓬勃发展，二氧化碳排放量迅速增加，由于我国人口众多，排放总量相对较大；德国、英国、日本等发达国家二氧化碳排放量也处于较高水平。

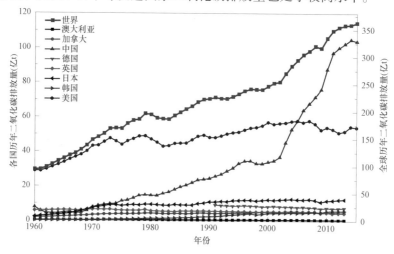

图 1-1　1960～2015 年全球各国二氧化碳排放情况

资料来源：全球碳项目（Global Carbon Project）。

2

根据 2015 年全球各地区二氧化碳排放占比情况（图 1-2）可看出，亚洲、北美洲和欧洲为主要排放来源。亚洲地区区域广阔、人口众多，既包括日本、韩国等发达国家，也包括中国、印度等发展中国家，能源消耗总量巨大；北美洲和欧洲地区发达国家较多，二氧化碳排放量占比较高。

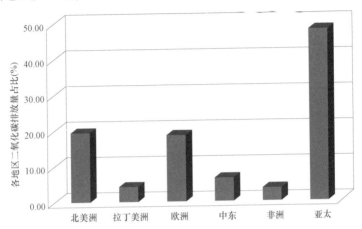

图 1-2　2015 年全球各地区二氧化碳排放占比情况

资料来源：BP 公司网站。

大量温室气体排放已经对全球气候环境造成较大影响，全球气温变暖已经成为不争的事实。美国气象学会刊登研究称，在太平洋西北部地区长期气候变暖的过程中，人为因素成为变暖的主要原因；在过去的 100 多年里，该地区的平均气温升高了大约 0.72℃。美国地球系统研究实验室对全球气温进行了长期监测研究，基于 1961～2014 年全球平均气温数据（图 1-3），统计全球气温异常情况发现，全球变暖的现象十分明显，且温升较高地区主要集中在北美洲、欧洲等发达国家聚集地。

极端天气与自然灾害是全球气候变化的直接后果。二氧化碳等温室气体产生温室效应，导致地球温度上升（见图 1-4），将使全球降水量重新分配、冰川和冻土消融、海平面上升等，威胁自然生态系统的平衡。根据 1980～2012 年全球重大自然灾害发生次数（图 1-5）可看出，随着全球气温变暖，重大自然灾害发生的频率逐渐升高，其中气候灾害（极端气温、干旱、森林火灾等）和天气灾害（风暴）呈现出明显上升趋势。频发的重大自然灾害造成的经济损失与日俱增（见图 1-6），已经对人类的生存造成严重威胁。

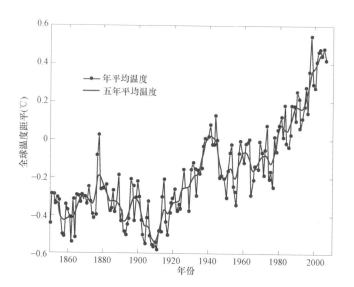

图 1-3　全球平均气温变化曲线

资料来源：美国气象学会会刊《气候学》。

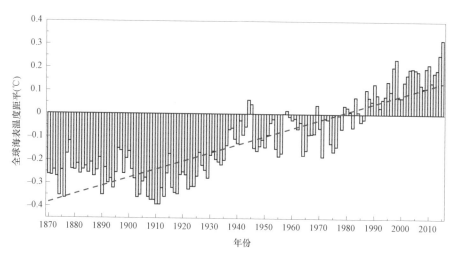

图 1-4　基于 Hadley 中心海温资料的 1870～2015 年全球海表温度距平变化

资料来源：《中国气候变化监测公报（2015 年）》。

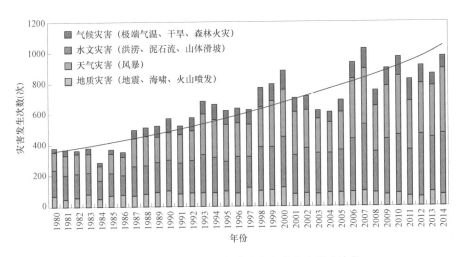

图 1-5　1980~2014 年全球重大自然灾害发生次数

资料来源：慕尼黑再保险公司和国家气候中心。

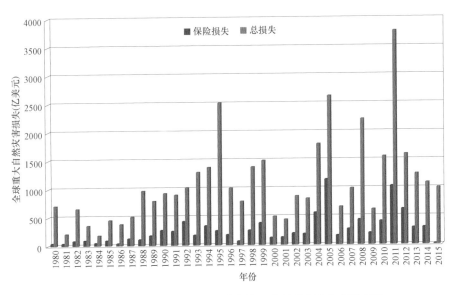

图 1-6　1980~2015 年全球重大自然灾害的总损失和保险损失

资料来源：慕尼黑再保险公司和国家气候中心。

二、国际气候变化适应政策

面对全球气候变化的严峻形势，国际气候环境政策发生调整，世界各国已达成共识，共同应对全球气候变化的挑战。

在政府间气候变化委员会的推动下，1992 年 5 月 22 日，在巴西里约热内卢的联合国环境与发展大会上通过了《联合国气候变化框架公约》（United Nations Framework Convention on Climate Change，简称《框架公约》）。《框架公约》于 1994 年 3 月 21 日正式生效。目前，该公约已拥有近 200 个缔约方。《框架公约》的最终目标是：将大气中温室气体的浓度稳定在防止气候系统受到危险的人为干扰的水平上。这一水平应当在足以使生态系统能够自然地适应气候变化，确保粮食生产免受威胁，并使经济发展能够可持续地进行的时间范围内实现。

由于《框架公约》没有规定具体减排指标，缺乏可操作性，因此 1997 年 12 月 11 日于日本京都召开《框架公约》第三次缔约方大会，制定了《京都议定书》，为各缔约方规定了具有法律约束力的定量化减排和限排指标。这一协议被称为"人类为防止全球变暖迈出的第一步"，也是历史上第一个为发达国家规定减少温室气体排放的法律文件。截至 2007 年 12 月，共有 176 个缔约方批准、加入、接受或核准《京都议定书》。

2007 年，联合国气候变化大会在印度尼西亚巴厘岛召开，来自《框架公约》的 192 个缔约方参加了此次大会。这也是联合国历史上规模最大的气候变化大会。会议着重讨论了"后京都"问题，通过了应对气候变化的"巴厘岛路线图"，确定了今后加强落实《框架公约》的领域，对减排温室气体的种类、主要发达国家的减排时间表和额度等做出了具体规定。

2015 年 12 月 12 日，举世瞩目的巴黎气候变化大会落下帷幕，公约缔约方第 21 次会议通过了《巴黎协定》和有关决定，标志着全球气候治理进入新的阶段。该协定重申了公平、共同但有区别的责任和各自能力原则，提出了三点目标：一是将全球平均温度上升幅度控制在工业化前水平 2℃ 之内，并力争不超过工业化前水平 1.5℃；二是提高适应气候变化不利影响的能力，并以不威胁粮食生产的方式增强气候适应能力和促进温室气体减排发展；三是使资金流动符合温室气体低排放和气候适应型发展的路径。《巴黎协定》是在全球经济社会发展的背景下，多方谈判诉求、立场再平衡的结果，反映了国际社会在合作应对气候变化责任和行动等方面的新共识，提供了未来全球气候治理的新范式。

《联合国气候变化框架公约》下气候变化适应政策的发展历程如图1-7所示。

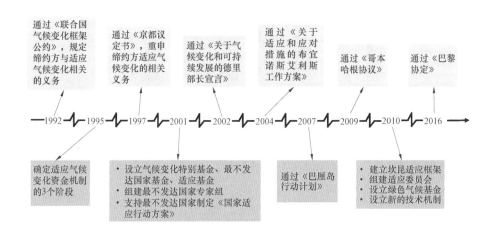

图1-7 《联合国气候变化框架公约》下气候变化适应政策的发展历程

三、国际能源发展目标

1. 低碳化

煤炭、石油等化石能源的大规模利用是造成全球气候变化的根源。由2015年全球各地区能源结构比例（图1-8）可看出，当前国际能源主体仍然依赖于化石能源，各地区化石能源占比均高于70%。可再生能源在能源体系中占比较低，拉丁美洲水能资源丰富，可再生能源发展情况相对较好；北美洲和欧洲地区核能开发规模较大，太阳能、风能等可再生能源也得到了进一步发展；亚太地区、非洲和中东地区目前可再生能源开发程度较低，主要依赖化石能源。

开展以低碳为核心的能源转型是解决全球气候变化的必然途径。转变全球能源结构，积极发展太阳能、风能、水能等可再生能源，降低对化石能源的依赖，是应对全球气候变化挑战的核心。

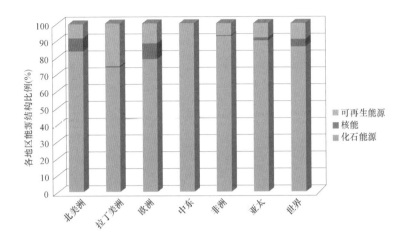

图1-8　2015年全球各地区能源结构比例

资料来源：BP公司网站。

国际社会试图摆脱化石能源的努力最早可追溯到20世纪五六十年代核能的兴起。第二次世界大战后，核能作为高效和环保的新能源登上历史舞台，然而之后核电的发展受到核扩散和核事故的安全性问题的制约。第二波替代能源发展热潮出现在20世纪70年代，包括太阳能、风能、水能、地热能等在内的新能源和可再生能源得到极大发展，核电也得到了进一步发展。进入21世纪后，在气候变化问题日益突出、能源需求增长等问题的推动下，新能源和可再生能源已成为世界各国关注的焦点，掀起了能源转型大幕。全球不同种类能源需求量预测如图1-9所示。

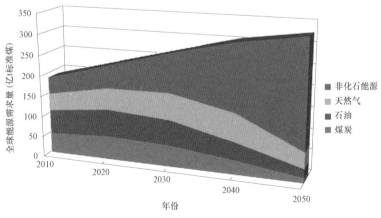

图1-9　全球不同种类能源需求量预测

从长远来看，以低碳为核心的能源转型是大势所趋，以可再生能源为主体的能源体系和由新技术支撑的能源利用方式以及新的能源利用理念，最终会替代传统的能源利用机制。

2. 清洁化

环境污染问题也是能源发展面临的重大挑战，清洁化是能源发展的重要趋势。随着能源资源约束的不断趋紧和环境问题的日益突出，世界各国均将能源清洁化发展作为本国的重要战略，开发清洁绿色能源，促进能源清洁化利用，实现人类社会与环境的协调发展。

电能是清洁、高效、便捷的二次能源，发展电能替代是能源清洁化利用的有效途径。电能作为最佳的能源利用途径，其优势主要体现在以下几个方面：首先，大部分一次能源可以方便地转化为电能，从而大幅度降低能源转化损失；以电能代替煤炭、石油、天然气等一次能源的直接消费，将有效减少能源生产过程中的污染问题。其次，电能的传输非常方便，是实现能源资源优化配置的有效手段，可减少一次能源直接运输过程中对环境的污染，同时也减轻了负荷集中区域的环境压力。最后，终端用能的电气化水平将大大促进能源的清洁利用，电气化奠定了人类社会工业化、农业现代化和生活方式转变的基础，是评价社会现代化水平的重要指标。终端能源消费比例预测如图 1-10 所示。

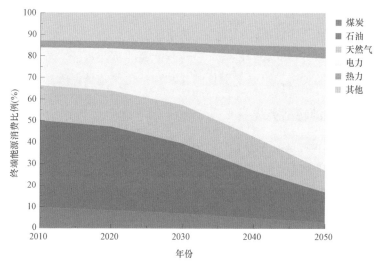

图 1-10　终端能源消费比例预测

发展电能替代，强化电力在能源体系中的核心作用，是能源清洁化转型的必然趋势。能源清洁化是能源发展方式的重大转变，将在能源供给、能源消费、能源技术和能源体制方面带来变革，构建一个以电力系统为基础的能源体系，是推动世界能源可持续发展的重要驱动力。

3. 高效化

在低碳化、清洁化的基础上，高效化利用是能源发展的关键目标。无论是传统的化石能源，还是环境友好的可再生能源，均需要一个高效化的能源生产和消费体系，才能实现能源资源的充分利用，这也是未来智慧能源的基本要求。

以电为核心是能源低碳化和清洁化的必然选择，能源的高效化利用的关键是电能的高效利用。以电力为纽带，建立煤、石油、天然气等不可再生能源，以及太阳能、风能、生物质能等可再生能源等多类型能源之间的耦合系统，既可以促进多种能源的优势互补，实现能源生产侧的多源输入、综合互补，也可以实现冷、热、电等多种能源的综合利用，实现能源消费侧的品位对口、梯级利用，从而显著提高整个能源系统的效率。

电力系统是电能利用的载体，提高电能利用效率的关键是电力系统转型，建设高效化、智能化的电力系统至关重要。要积极发展智能电网相关技术，提高电力系统灵活性，促进可再生能源就近消纳、高效利用，助力能源低碳转型；同时，利用智能化的电网实现能源资源优化配置，改革能源供给和消费方式，提高能源综合利用效率，保障能源清洁转型。

高效化是能源转型的必然趋势，是智慧能源的重要特征。智能电力系统是能源高效化转型的关键，也是能源低碳化和清洁化的基础保障。

四、国外能源转型实践

1. 以德国为代表的全面转型

德国的能源转型走在世界能源转型的最前沿，其核心是全面转向可再生能源。自2011年日本福岛核电站事故后，德国国内全面探讨了核电发展的路径问题，明确了弃核并全面转型可再生能源的路线，到2022年底前全面关停核电厂。到2020年，可再生能源发电在总电能消耗中的占比将达到35%；到2050年，占比则达到80%，见表1-1。此外，德国的能源转型还强调绿色与低碳并重，预计温室气体排放到2020年相对1990年减少40%，到2050年则减少 80%。与此对应的一次能源消费总量，到 2020 年比 2008 年减少 20%，到 2050 年则减少 50%，其中电能的整个消耗量会降低，但占比会大大提高，电气化在能源转型中的地位突出。

表 1-1　　　　　　　　　　　　德国能源转型的现状与目标

指　　标		2011 年	2020 年	2030 年	2040 年	2050 年
温室气体排放	温室气体（与 1980 年相比）	-26.40%	-40%	-55%	-70%	-80%~ -95%
效率	一次能源消费（与 2008 年相比）	-6%	-20%	—	—	-50%
	电力需求量（与 2008 年相比）	-21%	-10%	—	—	-25%
	住宅采暖		-20%	—	—	—
	交通行业能源消费（与 2005 年相比）	-0.50%	-10%			-40%
可再生能源	占电力消费的比重	20.30%	≥35%	≥50%	≥65%	≥80%
	占终端能源消费的比重	12.10%	18%	30%	45%	60%

　　为保障能源转型，德国积极推进电力市场改革，提出电力市场 2.0。随着可再生能源比例不断提高，德国电力结构的改变将对传统电力市场带来巨大冲击。2015 年 7 月，德国联邦经济与能源部发布《适应能源转型的电力市场》白皮书，作为指导德国电力市场未来发展的战略性文件，提出构建适应未来以可再生能源为主的电力市场 2.0。电力市场 2.0 的核心是确定了未来电力市场将坚持市场化的原则，即电能的价格将根据市场需求确定，确保德国电力供应可靠、优质价廉，具有市场竞争能力。

　　德国电力市场 2.0 的创新主要体现在三个方面。第一，建设更强的市场机制。通过市场机制建设，形成自由的电价形成机制，并通过《电力市场法》等法律法规进行保障，为市场参与者提供电力交易价格等重要信息，加强了市场参与者对竞价机制的信心，也加强了参与者对电力平衡的承诺。第二，建设更灵活高效的电力供给系统。德国重视与周边国家的电力市场一体化建设，正在促进欧洲统一市场的建立，通过国与国之间的互联，承担相互调峰功能，增强电网灵活性；同时，通过引入需求侧管理、大用户特殊过网费等措施，使可再生能源、储能等系统能够更加方便地参与平衡能源市场，进一步推动灵活、高效电力供给体系的建立。第三，提供更高的电力保障能力。德国重视储备电站的建设和管理，在推动电力灵活交易进行的同时，也限制储备电站参与电力市场交易和竞争，只有在可用平衡能源投入后仍不能满足用电需求的情况下才允许容量储备电站参与交易，保证全国具备充足的储备容量，保障电力系统稳定运行。

2016年，德国可再生能源法案（EEG3.0）修订完成。该法案取消了可再生能源上网电价补贴，采用竞拍体系代替以往的每年可再生能源装机总量控制和补贴政策，采用更加市场化的方式支持可再生能源的发展。

2. 以美国为代表的能源转型博弈

美国能源政策的核心是能源独立与能源安全。2001年的国家能源政策中，首次提出了增加国内能源生产、能源品种多样化、能源来源多样化等内容；2003年，发布 *Grid 2030*，首次提出了建设一个信息和电能双向流动和高效利用的电力网络的目标；2007年，《能源独立和安全法案》颁布，明确了降低美国对外国原油供应的依赖性、缩减温室气体的排放等目标；2015年，奥巴马政府提出"清洁电力计划"，旨在推动美国能源供给全面向清洁能源转型，但该计划在2016年2月被美国最高法院下令暂缓执行。

特朗普上台后，对美国的能源政策做出了一定调整，出台了多项能源产业新政，包括振兴核能产业、为美国在海外建设燃煤电厂消除融资障碍、批准兴建通往墨西哥的新石油管道、扩大对亚洲的天然气出口、放松能源出口限制以及扩大海上石油开采等六大新政，强调发展国内核电、石油、天然气等传统能源产业，目标是让美国转变为能源净出口国，实现能源独立，并以此为契机为数百万人提供工作岗位。

虽然特朗普支持煤炭等传统能源发展，但发展清洁能源仍将是美国能源发展的重要方向。美国在注重能源独立和能源安全的同时，也看中清洁能源和可再生能源的发展，以降低对环境和气候的影响。同时，也强调本国老旧电网升级改造与新能源发展同步，一方面强调电网建设，增强电网监控手段，另一方面综合应用需求侧响应、分布式电源、微网、储能等多种手段，满足负荷发展需求。美国能源政策的另一个特点在于蓬勃的市场机制，能够支撑新模式及新业态的发展，包括需求侧响应直接参与容量、电量及辅助服务市场交易、以分布式电源+储能构建的微网商业模式成熟、基于智能电能表的用电数据分析及应用广泛等。

第二节 我国能源发展背景

一、积极应对气候变化

面对全球气候变化，我国一直本着负责任的态度积极应对，积极参与国际气候环境政策的制定，主动承担大国应尽的国际责任。碳排放权实质为发展权，作为全球规模最大、工业化发展速度最快的新兴经济体，我国积极采取措施，协调发展与减排的矛盾，开创一条绿色、低碳、可持续发展的道路。

1992年召开的联合国环境与发展大会上，我国积极参与《联合国气候变化框架公约》的签署，是首批缔约方之一，也是联合国政府间气候变化专门委员会（Intergovernmental Panel on Climate Change，IPCC）的发起国之一，一直是倡导建立公平合理的新型全球气候治理体系的推动者，在推进全球气候治理实践中发挥了不可替代的作用。1998年，我国进一步签署了《京都议定书》，积极承担温室气体减排的国际责任，采取多项措施应对气候环境变化。2014年，我国国家主席习近平与美国总统奥巴马共同发表了《中美气候变化联合声明》，承诺到2030年左右二氧化碳排放量达到峰值并尽早争取实现，双方携手积极应对气候环境变化。2016年，我国率先签署《巴黎协定》，积极贯彻创新、协调、绿色、开放、共享的发展理念，认真落实《巴黎协定》。

在应对气候环境变化过程中，我国把推动绿色低碳发展作为生态文明建设的重要内容，加快转型经济发展方式，调整经济结构，推动各项措施取得重大进展。从碳强度指标来看，"十二五"期间累计下降20%，超额完成了"十二五"时期规定的17%的目标任务；从能源结构来看，2015年我国非化石能源占一次能源消费的比重达到12%，超额完成了"十二五"规划提出的11.4%的目标；从碳市场试点改革来看，截至2016年9月，全国7个试点碳市场配额现货累计成交量达到1.2亿t二氧化碳，碳市场试点累计成交金额超过32亿元人民币。

为实现《巴黎协定》的承诺，我国面临着严峻挑战。积极发展可再生能源，提高清洁能源在我国能源消费结构中的占比，推进以低碳为核心的能源转型，构建一个清洁、高效、智慧的能源体系，是实现我国减排承诺的关键。

二、环境保护形势严峻

改革开放以来，我国经济社会发展取得了举世瞩目的成就。然而，发展方式的不合理对环境造成了较大影响，导致了严重的环境污染问题，威胁我国经济社会的可持续发展。雾霾、氮氧化物、二氧化硫、工业废水废气等已经严重危害人类健康，也对生态系统平衡造成威胁，我国面临的环境保护形势十分严峻。

近年来，空气中颗粒物污染已成为我国最严峻的环境污染问题。以雾霾（雾霾是由空气中的灰尘、硫酸、硝酸、有机碳氢化合物等粒子组成，吸入人体后会对肺部功能造成伤害，对儿童的影响更加严重）为例，2016 年 12 月，我国全国范围内暴发大范围雾霾污染，华北地区更是在重度雾霾笼罩之下。12 月 20 日当天，全国仅有 8.2% 的城市空气质量为优，超过 55% 的城市处于空气污染状态，其中 12% 的城市处于严重污染状态，如图 1-11 所示。

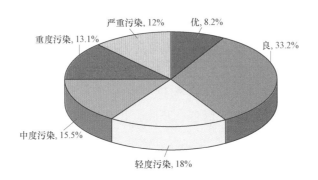

图 1-11 全国城市空气质量情况

资料来源：中华人民共和国环境保护部数据中心，2016 年 12 月 20 日数据。

统计 2015～2016 年我国南方五省主要城市空气质量指数（图 1-12）可以看出，南方地区重工业分布相对较少，受雾霾影响程度相比华北地区和东北地区小，但统计城市中仅有三亚市和海口市两年内空气质量基本处于优等级，其余城市空气均常年处于良等级，雾霾治理也应引起各城市的重视。

频发的雾霾天气严重危害人们的身体健康，威胁人类社会的可持续发展，治理雾霾已经到了刻不容缓的地步。

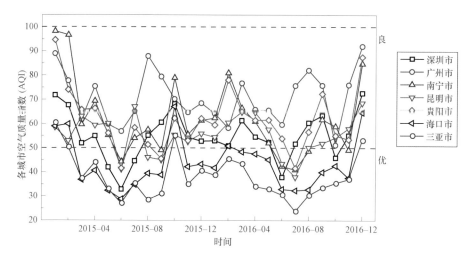

图1-12　2015～2016年我国南方五省主要城市空气质量指数（AQI）

资料来源：中华人民共和国环境保护部数据中心，2016年12月20日数据。

　　能源利用方式的不合理是造成环境污染严重的根本原因。首先，我国能源结构中化石能源仍占主导地位，煤、石油等的大规模直接利用是污染物排放的主要来源；其次，太阳能、风能、水能等可再生能源发展缓慢，在能源体系中的占比仍然较低，且由于现有电力系统无法满足可再生能源大规模接入的要求，弃风、弃光、弃水等现象时有发生，进一步造成能源浪费；最后，以化石能源为代表的一次能源的直接利用也是环境污染的重要原因之一，电能作为最清洁、最便利的二次能源，在能源体系中未得到充分重视。

　　解决环境污染问题，需对能源利用方式的问题进行调整，构建一个清洁、高效、智慧的能源体系。积极推进化石能源的清洁化利用，发展洁净煤、煤气化、煤液化等相关技术，实现能源的高效梯级利用，提高化石能源的环境友好性；大力发展可再生能源，扩大光伏发电、风电、水电等新能源规模，增强可再生能源在能源体系中的主导作用；扩大电能的应用范围，充分发挥电能在能源体系中的核心作用，建设一个灵活、高效、智能的电力系统，满足可再生能源大规模接入，提高能源综合利用效率。

三、能源与负荷逆向分布

　　我国能源与负荷呈逆向分布，能源主要分布在西部、北部地区，而负荷则主要分布在东部地区，从而造成能源的输送成本较大，增加了社会用能成本，降低了能源利用效率，也加剧了大气污染程度。

由2014年我国南方五省发电量与电力消耗量情况（图1-13）可看出，广东省为主要电力消耗地区，电力需求量较大，本省发电总量无法满足负荷需求，且发电量中火力发电占主体；云南、贵州等西部地区水电资源丰富，而本省电力消耗量相对较小，富余发电量可通过西电东送通道为东部广东地区供电。

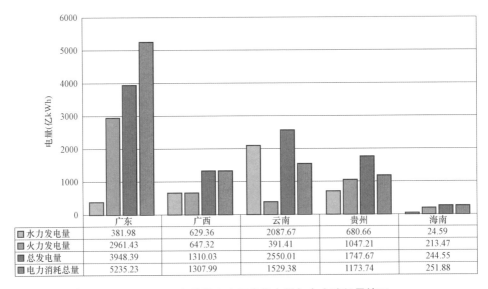

	广东	广西	云南	贵州	海南
水力发电量	381.98	629.36	2087.67	680.66	24.59
火力发电量	2961.43	647.32	391.41	1047.21	213.47
总发电量	3948.39	1310.03	2550.01	1747.67	244.55
电力消耗总量	5235.23	1307.99	1529.38	1173.74	251.88

图1-13　2014年我国南方五省发电量与电力消耗量情况

资料来源：中华人民共和国国家统计局。

跨区输电是解决能源与负荷逆向分布矛盾的重要手段。传统模式下，能源的跨区域配置主要依赖于一次能源运输的模式实现，运输难度和成本较高，且东部地区环境保护形势严峻，加剧了环境污染程度。电力的传输极为便利、成本较低，是利用西部丰富能源资源供给东部用电负荷的最佳途径。我国正致力于建设跨区域输电通道，强化区域间的电网架构，大力发展西电东送，促进资源的合理配置，优化能源结构。

电力是实现大范围内优化资源配置的有效手段，是解决我国能源资源与负荷逆向分布的重要途径。跨区送电将进一步强化电力在能源体系中的核心作用，推进东部地区以电代煤、以电代油，提高终端电能消费比例，也将促进电力系统的发展，构建一个基于电力系统的能源网络体系。

四、经济发展新常态下的能源结构调整

"十三五"期间，我国经济进入中高速发展的新常态阶段，正在从高速增长转向中高速增长，从规模速度型粗放增长转向质量效率型集约增长，从要素驱动转向创新驱动。经济发展的思路由追求质量的增长转向了以提高质量为中心，从而实现经济和发展的良性循环，促进资源节约型和环境友好型社会建设。2010～2015 年我国 GDP 增长率如图 1-14 所示。

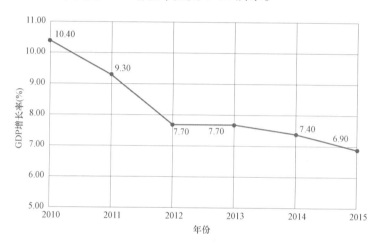

图 1-14　2010～2015 年我国 GDP 增长率

资料来源：中华人民共和国国家统计局。

应对我国经济发展新常态，2015 年习近平总书记在中央财经领导小组第十一次会议上提出供给侧改革，提出在适度扩大总需求的同时，着力加强供给侧结构性改革，着力提高供给体系质量和效率，增强经济持续增长动力。供给侧结构性改革旨在调整经济结构，优化投资和产业结构，使要素实现最优配置，提升经济增长的质量和数量。

面对经济新常态，党中央进一步明确我国经济新方位。十八大以来，党中央提出创新、协调、绿色、开放、共享的新发展理念，开启供给侧结构性改革的新实践，以新的有力作为标注着我国经济的新方位。

能源是经济发展的驱动力，经济发展新常态带来能源发展新常态，能源发展将从保障供给转向调整结构、提质增效方向。我国能源结构逐步优化，煤炭

的年消耗从"十二五"前两年的每年增长超过 1 亿 t 标准煤,到"十二五"后两年实现负增长,并且非化石能源在一次能源中的占比达到 12%。能源利用也呈现新趋势,总量增速放缓、能源效率提升、结构优化加速、能源科技进步。新常态是国家绿色、低碳、转型发展的机遇,在新的历史条件下,能源与电力行业的发展应加强科技创新,注重提质增效,优化结构调整,提升能源效率,促进转型升级。

五、智慧城市与新型城镇化建设

城镇化是人类进步和经济发展的重要动力,是我国全面建设小康社会的重要载体。2011 年我国的城镇化率为 51.3%,城市人口数量已经超过农村人口数量,我国正式进入城市型国家行列。2016 年,我国城镇化率已达到 57.35%,城镇化率每年提升 1 个百分点以上(见图 1-15),成为未来我国经济发展的驱动引擎。

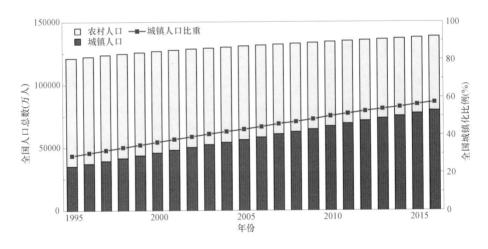

图 1-15　1995～2016 年我国城镇人口和农村人口情况

资料来源:中华人民共和国国家统计局。

20 多年来,我国城镇人口数量从 1995 年的 35 174 万人增长到 2016 年的 79 298 万人,城镇化率从 29%增长到 57.35%。然而,我国目前的城镇化建设水平相比发达国家差距较远,仍然任重而道远。美国、德国、英国等发达国家的城镇化率在 20 世纪 70 年代左右就已经达到 70%以上,新加坡则早已实现 100% 的城镇化建设，而我国城镇化水平在 2014 年以后才超过世界平均水平，如图 1-16 所示。由于我国人口众多，城镇化建设将成为我国面临的重要挑战，也是我国经济发展的新机遇。

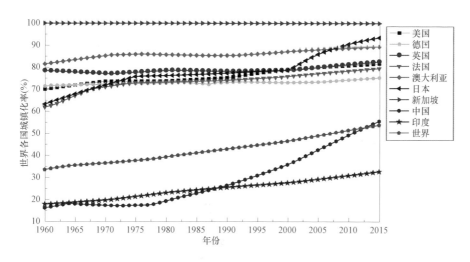

图 1-16　1960～2015 年世界各国城镇化发展情况

资料来源：世界银行公开数据。

为促进城镇化健康发展，十八大报告中明确提出中国特色新型城镇化道路，坚持以人的城镇化为核心、以城市群为主体形态、以城市综合承载能力为支撑、以体制机制创新为保障，提高社会主义新农村建设水平，推进城乡发展一体化。

新型城镇化建设也为城市发展指明了方向，提出城市智慧化建设的要求。传统的粗放扩张型城镇化模式导致资源紧张、环境污染等一系列问题，亟须找到一条城市与人、城市与自然和谐发展的道路。结合信息技术和通信技术，要实现城市智慧式管理和运行，促进城市各部分功能协同运作，使得管理高效、服务优质、环境清洁、生活舒适，智慧城市成为城市发展的必然趋势。

智慧城市的提出最早起源于美国 IBM 公司的"智慧地球"这一愿景，即通过新一代信息技术改变人们的交互方式，提高实时信息处理能力及感应与响应速度，增强业务弹性和连续性，促进社会各项事业的全面和谐发展。智慧城市是运用物联网、云计算、大数据、空间地理信息集成等新一代信息技术，促进城市规划、建设、管理和服务智慧化的新理念和新模式。作为新型城镇化建设的有效手段，我国政府高度重视智慧城市的发展。2014 年，国家发展改革委印发《关于促进智慧城市健康发展的指导意见》，并积极开展智慧城市国家级试点示范，推进新型城镇化建设的进度。

在绿色、低碳、高效的智能化核心基础体系下，城市才能获得可持续发展的基础平台和环境。将围绕系统的自下而上的方法与围绕数据的自上而下的方法相结合，改进城市关键系统。城市的核心基础体系包括智慧能源、智慧交通、智慧监测、智慧公共服务等各方面，如图 1-17 所示，传统城市中各系统分别独立运行，而智慧城市不仅要优化上述每个系统的性能，而且须以集成方式管理各系统，更好地优化投资，创造最大价值。

图 1-17　智慧城市服务系统

智慧城市整体架构包括三个层次，分别为物联网层、智能基础设施层和城市集成管理平台层，如图 1-18 所示。物联网层主要用于物品标识和信息的智能采集，由各类感应器件以及感应器组成的网络两大部分构成。智能基础设施层基于传感网络层得到的信息化数据，利用智能设施在各领域开展智能化建设。集成管理平台是智慧城市的核心，整合多个主管部门和城市公共服务部门的不同数据系统，进行综合管理、综合决策，优化城市所有基础设施的能源效率，协调公共服务，为公民创造新的、高价值的服务。

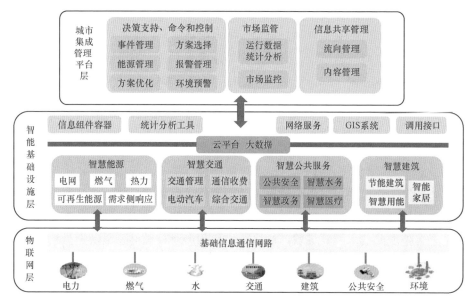

图 1-18　智慧城市整体架构示意

能源是城市发展的基础保障，能源的智慧化建设是智慧城市体系的前提。城市的用能体系需要做到绿色低碳，在保护生态平衡的基础上实现经济社会的可持续发展。智慧能源是智慧城市的重要组成部分，旨在提升能源管理和服务的水平，为城市发展提供更好的支撑。

六、能源革命——我国能源发展的现实要求

改革开放以来，我国的能源行业取得了巨大的成就，为经济社会的高速发展提供了坚实的能源保障，但大量的能源消耗使得我国的资源支撑力、环境承载力以及能源安全保障等诸多方面都面临严峻的威胁和挑战。与此同时，随着经济结构的转型升级，我国经济发展进入新常态，能源发展也进入新阶段，能源消费增长幅度回落，能源结构调整步伐逐步加快。传统能源产能过剩、可再生能源发展、能源清洁高效、能源体制机制等问题成为当前我国能源发展和经济转型迫切需要解决的深层次问题。

2014 年 6 月，习近平在中央财经领导小组第六次会议讲话中强调，"能源安全是关系国家经济社会发展的全局性、战略性问题，对国家繁荣发展、人民生活改善、社会长治久安至关重要。面对能源供需格局新变化、国际能源发展

新趋势，保障国家能源安全，必须推动能源生产和消费革命"。习近平就推动能源革命明确提出了五点要求：第一，推动能源消费革命，抑制不合理能源消费。坚决控制能源消费总量，有效落实节能优先方针，把节能贯穿于经济社会发展全过程和各领域，坚定调整产业结构，高度重视城镇化节能，树立勤俭节约的消费观，加快形成能源节约型社会。第二，推动能源供给革命，建立多元供应体系。立足国内多元供应保安全，大力推进煤炭清洁高效利用，着力发展非煤能源，形成煤碳、石油、天然气、核能、可再生能源多轮驱动的能源供应体系，同步加强能源输配网络和储备设施建设。第三，推动能源技术革命，带动产业升级。立足我国国情，紧跟国际能源技术革命新趋势，以绿色低碳为方向，分类推动技术创新、产业创新、商业模式创新，并同其他领域高新技术紧密结合，把能源技术及其关联产业培育成我国产业升级的新驱动力。第四，推动能源体制革命，打通能源发展快车道。坚定不移地推进改革，还原能源商品属性，构建有效竞争的市场结构和市场体系，形成主要由市场决定能源价格的机制，转变政府对能源的监管方式，建立健全能源法治体系。第五，全方位加强国际合作，实现开放条件下能源安全。在主要立足国内的前提条件下，在能源生产和消费革命所涉及的各个方面加强国际合作，有效利用国际资源。我国能源安全发展的"四个革命"和"一个合作"战略思想的提出，明确了能源革命的发展方向，深化了能源革命的内涵。

能源革命中生产革命是基础，需大力发展核能、风能、太阳能等可再生能源，降低对化石能源的依赖，并运用互联网、云计算、大数据等信息技术提高能源系统灵活性、智能性。消费革命是基本要求，需控制化石能源消费总量，抑制不合理消费，提高能源利用效率，构建更加高效的能源消费体系。体制革命是制度保障，需在能源管理、产业组织和市场运行等机制上破旧立新，理清政府与市场的边界，还原能源商品属性。技术革命是根本动力，需以绿色、低碳、智能发展理念和方向，推动煤炭安全绿色利用技术、高效太阳能发电技术、储能技术等的发展，促进能源产业升级。国际能源合作是确保能源安全的重要战略，由于我国能源资源赋存条件不同，多煤、缺油、少气，需从战略上全方位加强能源国际合作，保证能源供需安全。

第二章

能源转型发展
需求及模式创新

第一节　新形势下的能源转型发展趋势

能源是人类社会赖以生存和发展的重要物质基础，人类文明的每次重大进步都伴随着能源的改进和更替。人类社会进入工业文明以来，化石能源的使用大大促进了文明进程的发展，同时也带来了资源枯竭、环境污染、气候变化、能源安全等现实问题。大量的能源消耗与环境污染问题使得经济社会发展过程中的资源支撑力和环境承载力受到极大威胁与挑战，建立在化石能源基础上的能源生产和消费方式亟待转变。

面对上述问题，世界各国围绕全球新一轮科技革命和产业变革，立足于本国国情积极探索能源转型发展的路径，能源的低碳、清洁、高效利用成为创新发展的主旋律。总体而言，能源转型发展存在以下几个总体趋势。

一、可再生能源逐步替代化石能源

随着人口增长和城镇化、工业化的快速发展，对能源的依赖程度和需求量日渐增加。然而，以煤炭、石油、天然气为代表的化石能源资源储量有限，难以支撑经济社会的持续快速发展，保障能源安全供应面临巨大压力。同时，长久以来化石能源的大量开采和使用已经对环境和气候产生了巨大的影响，环境污染、气候变化等问题日益严峻，促使社会在发展过程中思考能源的出路问题，如何在保障经济社会发展的同时，保障能源的可靠供应并减少对环境气候的影响。在这种思路驱动下，能源消费结构正在逐渐发生变化，能源格局逐渐从以煤、石油、天然气等化石能源为主，转向以风能、太阳能、核能、生物质能等非化石能源为主。

非化石能源的开发利用对环境气候的影响较小，且能源资源蕴藏量巨大，具备大规模开发利用的基础，为非化石能源替代化石能源提供了先决条件。全球的非化石能源资源中，仅水能、风能、太阳能等清洁能源的资源年理论可开发量便远远超过人类社会的全部能源需求，能够为人类社会发展提供取之不竭、用之不尽的能源。同时，随着对新能源开发利用各方面的持续投入和研究，以风能、太阳能为主的可再生能源开发利用技术日益成熟，成本不断降低，使得大规模开发利用新能源资源成为可能。这些因素促使能源供给结构逐渐从化石能源向非化石能源转变，从水、火等传统能源为主向风、光等新能源与传统能源协同互济转变，逐步实现能源的清洁替代。因此，可再生能源等非化石能源逐渐替代化石能源，将是未来能源发展的一个重要趋势。

二、分布式能源逐步替代集中式能源

全球能源格局在从以化石能源为主体的传统能源结构向以可再生能源为主的非化石能源结构转变过程中，如何构建安全、高效的能源生产和使用模式，也将是能源发展面临的一个重要问题。传统的能源系统通过集中式的能源基地开发和长距离的能源输送通道形成集中、单向、自上而下的供能用能模式。随着能源需求量的不断增加和能源网络的不断扩大，这种模式下能源长距离传输中的效率和安全问题愈发突出。

与化石能源的集中开发特点相比，大多数可再生能源资源呈现分布式的特点，而分布式意味着电源更加靠近用户，不需要进行能源的远距离输送，能够有效降低热、电、冷等能量输送损耗，意味着能源的使用效率更高、成本更低。同时，分布式能源通过多个分散的电源组合降低了单一电源故障的风险，提高了能源系统的可靠性。随着分布式能源、储能、微网等技术发展，能源供给形态将从集中式、一体化的能源供给向集中与分布协同、供需双向互动的能源供给转变，促进了能源供应的多样化、扁平化和高效化。

此外，随着天然气供应能力持续加强、管网建设和专业化服务不断完善，分布式天然气能源已逐步具备规模化发展条件，采取冷、热、电、气多联供等方式可就近实现能源的梯级利用，综合能源利用效率能够达到70%以上。同时，分布式天然气能源还可与风、光、地热等分布式可再生能源互补运行，实现多种能源类型协同供应和能源综合梯级利用，可大大提升分布式能源的运行可靠性和利用效率，为可再生能源的利用开辟了新的途径。

分布式能源颠覆了传统能源的生产和消费模式，使得能源生产者和消费者的关系更加紧密，对于调整能源结构、解决能源安全和环境气候问题具有重要作用。分布式能源逐步替代集中式能源也将是未来能源发展的一大趋势。

三、传统化石能源的清洁高效利用

清洁的能源体系是能源发展的趋势和要求，然而受制于成本和技术水平的限制，风、光等清洁的非化石能源在目前及未来一段时间内的开发量无法满足全部能源的需求。在当前我国的能源消费结构中，煤炭、石油等化石能源占有相当大的比重，导致在今后相当长的一段时期内，我国以化石能源为主的结构不会有大的变化。同时，受制于我国富煤、贫油、少气的能源资源基本情况，我国能源消费结构不合理，能源消费强度高、利用效率低，化石能源中的天然气等清洁能源占比较低，以煤为主的能源结构体系和低碳发展需求的矛盾将长期存在。因此，推进化石能源，特别是煤炭的清洁高效和可持续开发利用，依靠技术创新、机制创新不断提升传统化石能源的利用效率，构建与我国国情相适应的多元化能源供给体系，是我们面临的一个重要问题，也是未来能源发展的一个重要方向。

四、多种能源网络融合与交互转变

完整的能源体系包含了煤炭、石油、天然气和各种可再生能源的能源生产系统，以及冷、热、电、动力等多类型的能源消费系统，并通过电网、管网、交通网等各种传输网络实现能源生产端和能源消费端的互联互通。多种能源的优势互补能够充分提升能源的利用效率。然而，从目前发展现状来看，电力、热力、燃气、石油各类能源体系相对独立，用能方式和能源转换相对单一，各类能源之间缺乏紧密灵活的互补和协调运行机制，导致能源生产利用过程不够精细，成本较高，总体利用效率较低。为了提高能源的利用效率，需要将能源生产消费从原有的单一、独立的封闭发展模式，向多种能源互补运行、多种能源网络融合的协同模式发展。

同时，传感、信息、通信、控制技术与能源系统的深入融合，在增强传统单一能源系统内部优化运行能力的同时，也使更大范围、包含更多能源种类的多能源融合成为可能。利用自动化、信息化等智能化手段，实现多种类型能源的协同优化和跨系统转换，统筹电、热（冷）、气等各领域的能源需求，实现能源综合梯级利用，提升能源的整体利用效率。因此，能源体系向多能互补、能源与信息通信技术深度融合的智能化方向发展，将是未来能源发展的一大趋势。

第二节　能源转型发展需求及思路

一、新能源、低碳发展引领能源转型和能源革命

能源转型与能源革命是能源发展的必然要求，其驱动力主要体现在以下三个方面：

（1）国际气候环境政策发生变化，低碳减排已成为全球共识。传统化石能源引起大量温室气体排放，对全球气候环境造成较大影响，已威胁到人类的生存。世界各国已经开始意识到气候环境的严峻挑战，国际气候环境政策也发生了调整。2015年11月30日，全球气候大会于法国巴黎召开，会上签订了《巴黎协定》，为全球应对气候环境变化做出了安排。进一步严格要求低碳和减排是国际气候环境政策的重要调整，以新能源、低碳为核心的能源转型是必然趋势。

（2）我国面临着能源消耗增加和环境保护形势严峻的问题。我国国内经济快速发展，能源的消耗量和需求量不断增长，然而传统能源在利用过程中对环境产生了较大影响。雾霾、SO_x、NO_x、水污染等环境污染问题主要源于煤、石油的燃烧，现已严重威胁到人们的生活和健康，妨碍经济社会的可持续发展。国内能源需求与环境保护的压力，促进了低碳新能源的发展。

（3）国内能源安全需要保障。国内能源安全主要体现在能源独立和能源国际协作两个方面。能源安全首先要实现能源独立，能源命脉不能依靠其他国家，积极开展低碳新能源的开发是保证未来能源安全的重要基础，争取在未来能源格局中占据主动；其次，能源安全需要加强国际协作，在保证能源独立的前提下加大与周边国家的合作力度，各国发展相互促进、互利共赢。

面对能源发展新需求，本书作者认为我国能源转型的发展思路应主要体现在以下几个方面，如图2-1所示：

（1）以电为主。电能是最清洁、最便捷、最高效的能量利用途径。首先，太阳能、风能、水能等可再生能源可以方便地转化为电能，各种发电技术相对

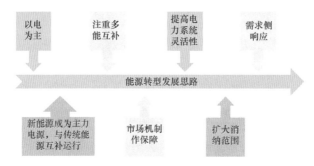

图 2-1　能源转型发展思路

成熟；其次，电能的传输容易、成本低，可以有效实现能源资源优化配置；最后，电能可以高效地转化为其他能量，能量利用效率最高，且使用过程中环境友好性高。

（2）构建新能源为主力电源，与传统能源互补运行的能源体系。风能和太阳能将成为电力供应的基础，电力系统的其余部分将围绕其进行优化。

（3）注重多能互补。太阳能、风能、水能等可再生能源本身具有随机性、波动性，会对电网产生较大冲击；而各种能源之间存在互补特性，应结合多种能源的出力特性实现互补运行，保证可再生能源稳定出力，这是实现可再生能源大规模消纳的关键。

（4）提高电力系统灵活性。由于风能和光伏发电的波动性问题，对电力系统灵活度的要求大大提高。目前，除了扩建电网之外，主要的提高灵活性的方法包括：根据电力需求运转热电联产和生物质发电厂，提高火力发电的灵活性等。

（5）发展需求侧响应。能源转型必须调动需求侧的参与，鼓励用户积极响应电网调度，需求侧的更大弹性对提高风能和太阳能的利用具有重大意义。需求侧响应的成本通常比储能或供应方案调整更低，也可促进能源的节约利用。目前，电价和辅助服务方面的规定尚与需求响应冲突，需要进行改革。

（6）扩大消纳范围。电网的扩建可以提高电力系统的灵活性，风能和太阳能发电及需求的波动将在远距离之间实现平衡，减少储备电厂容量，而且目前电网建设比储能系统更加经济。

（7）市场机制作保障。能源转型需要有新的市场作保障，未来的能源转型市场需要满足两大功能需求：一方面，引导容量建设，以实现有效的供需平衡；另一方面，发出可再生能源和传统发电设施投资信号，并提高能源需求和储存的灵活性。

能源转型发展模式重点在于从大规模可再生能源并网和分布式能源消纳两个方面开展，如图 2-2 所示。

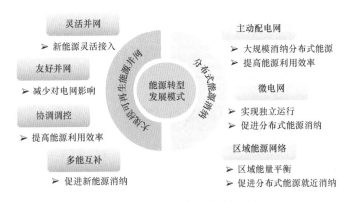

图 2-2　能源转型发展模式与路径

一方面，大规模可再生能源并网是能源转型的基础。电能是可再生能源利用的最佳途径，解决可再生能源并网问题是大规模消纳的基础。由于太阳能、风能、水能等可再生能源具有波动性和随机性，直接接入会对电力系统造成较大冲击，因此需要电力系统进行适应性调整。调整重点内容应包括：① 灵活并网，提高电网调峰能力，保证可再生能源灵活接入；② 友好并网，减少可再生能源大规模接入对电网的冲击影响；③ 协调调控，完善电网调控机制，将可再生能源纳入电网综合调控，提高能源综合利用效率；④ 多能互补，实现多种可再生能源优化互补运行，促进可再生能源高效消纳。

另一方面，分布式能源的有效消纳是能源转型的重要任务。太阳能、风能等大部分可再生能源均分布在电力系统中，分布式是其重要特征。如何促进分布式能源的高效消纳，是提高可再生能源消费占比的关键问题，也是真正实现能源结构向可再生能源转型的重点。传统电力系统为集中式、自上而下的能源供给形式，无法满足能源向分布式发展的新需求，要求电力系统向分布式、自下而上的形式转型。电力系统转型的主要途径有：① 积极推广主动配电网，通过主动规划、分层分布协调调控、全局优化能量管理等，实现电网与负荷的高效互动，保障可再生能源大规模消纳，提高能源综合利用效率；② 发展微电网，合理配置储能资源，促进分布式能源优化互补运行，形成分布式能源自我控制、保护、管理的自治系统；③ 推进区域能源网络建设，将冷、热、电等多种能源需求综合管理，协调调控区域内可再生能源、油、气等资源，构建区域综合能源体系，从全局角度合理利用多种能源资源，促进分布式能源就近消纳。

以新能源、低碳为核心的能源转型是能源发展的关键。应坚持以电为核心，通过多能互补、电网灵活性提升、需求侧响应和市场机制改革等措施促进电力系统优化调整，保障大规模可再生能源并网和分布式能源消纳，实现能源向可再生能源、低碳能源转型。

二、互联网理念推动能源行业转型发展

互联网（Internet）是指网络与网络之间串联所组成的庞大网络，这些网络之间通过通用的协议相连，其来源于信息通信领域。网络的节点是互联网的基本组成单位，每个节点均可实现信息的上传和下载，与能源的分布式发展趋势类似。互联网是信息社会的基础，自 20 世纪 90 年代投入商业化应用以来，已经成为当今世界推动经济发展社会进步的重要理念。互联网发展的成功经验已经开始带动其他行业的发展，各行业融合共赢是必然趋势。如何利用先进的互联网思维和理念改造传统能源行业，推动能源革命进程，已成为能源发展未来的焦点。

随着能源行业的不断发展，我国能源供给侧和需求侧结构都将发生较大调整。从能源供给侧来讲，可再生能源具有分散性、间歇性、能力密度低、不利于远距离输送的特征，决定了可再生能源的开发利用应以就地开发、就地平衡、自发自用、互补调剂为主。未来能源将由传统能源（火电等）大规模集中生产、集中输送为主的模式，转变为大规模集中生产输送和可再生能源（光伏发电、风电、水电等）的分布式利用相结合的模式。从能源需求侧来讲，多元负荷（电动汽车、储能等）和柔性负荷（可调负荷）的不断涌现，负荷参与电网互动的需求不断增加。

从能源供给和能源消费两个方面的新需求来看，传统能源体系的变革顺势而生。这种新的发展模式顺应了互联网平等、自治、共享、开放的理念，在各个自主单元的基础上，构建一个协调的整体，实现系统功效的最大化。

从互联网理念出发，未来能源发展需求主要有三个方面，如图 2-3 所示。首先，分布式能源的有效消纳，与就地负荷的有效供给结合，实现区域内部能

量平衡；其次，随着互联网理念影响范围的扩大，未来电力网络和能源网络将向区域电网和区域能源网的方向发展，需要区域内部实现多种能源之间的互补运行；第三，区域电网与大电网之间的高效互动，以及多个区域之间的能源网络互联互供也将成为能源发展的基本要求。

图 2-3　能源发展对互联网理念的需求

针对以上三个方面的新需求，我国能源发展思路在于构建分布式能源自下而上的扁平能源结构，如图 2-4 所示。首先，需要综合多种分布式能源和用户，建立区域电网及区域能源网络，实现分布式能源的有效消纳，同时满足多元用户的用能需求；其次，在区域电网内部实现电力供需平衡，在区域能源网内部实现多种能源的优化互补运行；最后，在广域能源网络和大电网范围内，实现区域电网与大电网的有效互动，以及区域能源网络之间的互联互供。

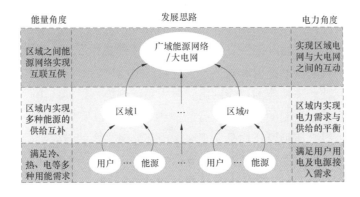

图 2-4　引入互联网理念的能源发展思路

互联网理念带来了能源发展新模式。从区域能源发展来看，主要发展模式包括分布式能源耦合系统、微电（能源）网、区域能源网络和细胞网络；从广域能源发展模式来看，要实现区域能源与大电网和能源主干网之间不同能源品种、不同区域之间的互联互供、友好共济，如图2-5所示。

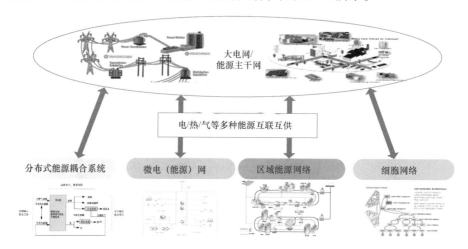

图 2-5　引入互联网发展理念的广域能源发展模式

区域层面，电力内部平衡、能源互补供给是关键。分布式能源耦合系统是一种多种能源（如太阳能、风能、常规化石能源、生物质能等）输入、多种产品（冷、热、电、洁净水和化工产品等）输出、多重能量转换单元（燃料电池、微型燃气轮机、内燃机等）耦合一体的复杂能量系统；微电网系统是多种分布式能源（风、光、燃气轮机、内燃机等）、多元负荷和储能设施的集合，通过公共并网点与电网相连，可同时实现并网运行和独立运行，而微能源网则从能源生产、传输和消费各个环节均涉及多种能源形式；区域能源网络是分布式能源耦合系统的扩展和延伸，在一定区域范围内，根据当地资源情况构建多种能源互补、多功能的智能网络；电力系统细胞网络模式由丹麦提出，将电网分解为众多受控制的可独立运行的"细胞体"，以实现对多种分布式能源的有效控制。以上四种模式均是实现区域内部能量平衡的有效手段。

广域层面，区域之间高效互动和互联互供是重点。大电网和能源主干网将各个区域网络相连，在广域范围内实现资源优化配置。分布式能源耦合系统、微电（能源）网、区域能源网络、细胞网络等与大电网和能源主干网之间实现不同能源品种、不同区域之间的互联互供、友好互济。

互联网理念带来了能源发展的新需求，为分布式能源的发展指明了方向。利用互联网理念发展能源应从节点、区域和广域三个维度分层分区域建设，构建基于分布式能源自下而上的扁平化能源结构体系。

三、多样化需求导致用能方式转变

多元化负荷和需求的出现，将带来用能方式的巨大转变，如图2-6所示。一方面，负荷正向多元化方向发展，随着能源行业逐步由以传统能源的大规模集中利用向可再生能源的分布式利用转变，用户侧的多种负荷（电动汽车、分布式储能）逐步发展，并与分布式能源一同参与电网的互动。另一方面，用能需求呈现多样化的发展趋势。随着能源行业的清洁化发展和大气污染防治力度的加大，电能在终端能源消费中所占比例逐渐提高。在信息时代背景下，人们已不满足于传统的能源供给，追求个性化、舒适的定制方式是用能方式转变的方向。上述两个方面将导致能源行业用户侧的用能方式发生调整，对能源行业的发展提出了新的需求。

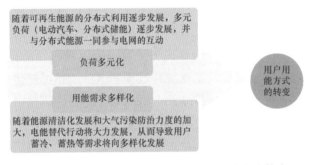

图2-6 负荷和用能需求多样化导致的用能方式转变

应对用能方式的转变，能源转型发展思路应积极调整（见图2-7），以满足多元负荷和用能需求的要求。首先，应充分了解用户需求，利用先进的互联网技术和手段，有效采集用户的用能需求信息，掌握用户用能基本信息；其

图2-7 用能方式转变的发展思路

次，实现资源优化配置，将收集到的用能需求进行对比分析，合理配置用户的各种属性，并将多元化、分散的用能需求进行资源整合，提高资源综合利用效率；最后，形成有效互动，应用技术手段和有效激励机制，鼓励整合后的用户需求参与电网的运行调节，形成用户和负荷与电网的友好互动。

基于多样化需求带来的能源发展新需求和新思路，用能方式转变的发展模式（见图 2-8）主要体现在以下几个方面：需求侧响应是鼓励用户参与电网互动的重要手段，能源市场中的用户根据市场的能源价格信号或激励机制做出响应，有效减少调峰容量和电网输配容量，改变常规的能源消费模式。电动汽车充放电服务是多元负荷和需求的典型代表，可视为需求侧响应一种重要表现形式。随着大容量蓄电池技术、电动汽车技术的逐步发展，电动汽车充放电服务受到广泛关注，也可以有效参与电网的互动。综合能源服务是指开展用电、用能一体化服务，在负荷密集、建设条件好的区域开展园区综合功能及能源托管服务，实现冷、热、电等多种形式能源的综合供能，利用峰谷价差等机制优化运行，同时建立能效服务平台，通过对用户能耗信息的统计、管理以及历史能耗数据分析，实现能耗过程的信息化和可视化，从而指导用户建立更高效的用能习惯，促进全社会节能减排。综合信息服务是推广应用用户侧的能源信息管理系统，建立用户用能信息库，对用户用能习惯进行对比分析，实现关键用电信息、电价信息与用户的共享，从而优化用户的用电习惯。

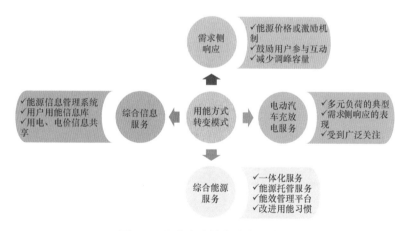

图 2-8　用能方式转变的发展模式

四、智慧城市建设引出智慧能源体系

能源是城市发展的血脉，它贯穿城市生活的方方面面，关乎城市的正常运转和可持续发展。以能源为基础，构建智慧城市感知体系，具有显著的能效收益和发展空间，同时可同步搭建智慧城市的基础架构，实现信息的集成共享，推动智慧城市产业的整体发展。因此，智慧能源体系建设是智慧城市的基础和核心。

（1）智慧能源可有效推动智慧城市的建设。能源问题和环境问题是智慧城市建设首先要解决的问题，也是实现城市可持续发展的根本问题。智慧能源有效解决了能效的提高和绿色能源的投入。在智慧城市的愿景中，能源的利用方式将是智慧生活的主要内容。

（2）智慧能源网络与智慧城市技术天然契合。智慧能源是能源与信息的融合，它将成为城市网络的主体，而以信息为支撑的任何智慧城市的构建都是业务主体对信息的利用，唯有智慧能源是基础设施并具有网络特性。基于物联网、云计算及宽带融合通信技术的综合协同应用，在保证能源可靠供应的基础上，将对城市智慧化产生深刻影响。

（3）智慧能源多方位支撑城市智慧化。智慧能源在经济、能源、民生等方面展现出巨大的综合价值，从生活、生产及运行等各领域全面支撑城市智慧化，推动产业结构转型，优化能源消费结构，促进经济结构优化。

智慧城市对能源提出智慧化要求，城市供能体系需向清洁化、高效化、智能化方向发展，这是社会发展对能源发展提出的新需求。

应对智慧城市建设带来的能源发展新需求，能源转型发展思路（见图 2-9）体现在：① 应增加清洁能源供应，缓解气候环境问题，转变以化石能源为主的能源消费结构，使用清洁能源代替化石能源，调整和优化能源结构，实现能源供给和消费的多元化，减少对环境的污染，减轻对运输的压力；② 应提高能源利用效率、降低能源消耗，通过能源之间的系统谋划和创新替代，形成可持续、高效率的能源资源体系，保障我国能源资源的有效供给和高效利用，对于转变经济发展方式、建设资源节约型和环境友好型社会具有重要意义；③ 实现能源感知和互动，提升能源智能化管理水平，利用新一代信息技术，在泛在信息全面感知和互联的基础上，实现能源系统的智能感知、适应、优化，提高能源综合管控能力，优化配置资源，形成具备高效、绿色、安全等特点的智慧能源体系。

能源感知和互动

新一代信息技术
提高能源综合管控能力
优化资源配置
提升能源智能化管理水平

提高能源利用效率

降低能源消耗
保障能源有效供给
促进资源高效利用

增加清洁能源供应

转变能源消费结构
多样化能源消费和供给
缓解气候环境问题

图 2-9　基于智慧城市的智慧能源发展思路

基于智慧城市的智慧能源发展模式主要包括两个途径：

（1）园区级多能互补集成应用。在存在电、气、冷、热等多种能量需求的经济开发区、工业园区等开展多能互补、区域能源网络建设，如图 2-10 所示。增加园区分布式可再生能源接入，提高清洁能源供应比例。构建区域冷、热、电、气多能互补的能源体系结构，实现能源梯级利用，提升能源综合利用效率。建设区域能源协调控制系统，实现多种能源和多能流系统能量管理，实现多种能源形式灵活交易与需求响应，提高清洁能源利用率和终端效能。

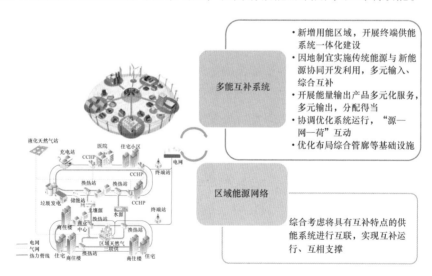

图 2-10　园区多能互补和区域能源网络建设

（2）针对城市的综合型智慧能源系统建设，集成各类可再生能源、智能电网、电动汽车及充放电设施，建设普及低碳能源、低碳建筑和低碳交通的低碳城市。建设安全数据共享平台和能源交易平台，利用能源互联网的通信功能和各类用能大数据支撑智慧城市建设。基于城市的综合型智慧能源系统如图 2-11 所示。

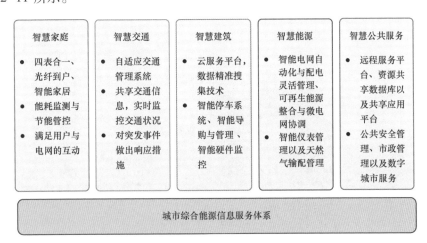

图 2-11　基于城市的综合型智慧能源系统

五、多样化园区供能提升供能质量和效率

对园区内配电网建设的发展思路，主要是从三个方面出发，实现有效投资：

（1）保障园区供电。建立灵活可靠的配电网，满足用户各项用电需求，承担保电义务。

（2）提升能源服务质量。在保障园区供电的基础上，供应冷、热、气等多种能源，提升能源服务质量。

（3）降低供能成本。充分利用各项激励措施（需求侧响应、峰谷电价等）及可再生能源，实现多种类能源资源的优化配置，有效降低供能的成本。

园区供能建设模式主要包括：

（1）应推动灵活可靠的配电网建设（见图 2-12）。构建可靠的网架结构，通过网格化规划、新型城镇配电网和农村整乡整镇改造，提高城市供电可靠性，保障农村供电服务；推进配电网自动化建设，利用终端设备实现配电网自动化运行，提高供电可靠性，并实现高级应用功能，支持小规模分布式能源、电动汽车的接入，优化调整可控负荷；开展智能配电网建设，采用主动配电网的思想，实现电网建设的主动规划、主动管理、主动控制、主动服务，以及用户侧的主动响应和发电侧的主动参与。充分利用园区内的可再生能源，开发分布式电源接入配电网。

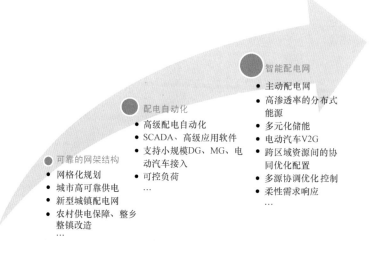

图 2-12 灵活可靠的配电网建设

（2）开展区域能源网络建设（见图 2-13）。实现冷热电联供，并结合蓄冷、蓄热设施保障园区内用户的多种用能需求。同时，有效调节优化运行模式，参与市场交易，降低能源成本。

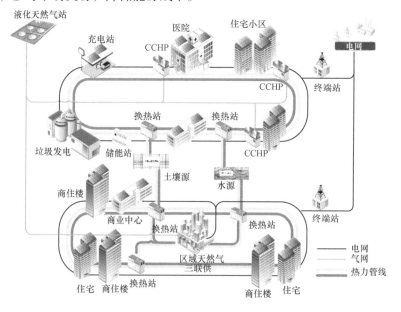

图 2-13 区域能源网络建设

（3）开展虚拟电厂建设（见图2-14）。通过先进的控制、计量、通信等技术实现多个分布式电源、储能系统、可控负荷、电动汽车等不同类型、较为分散的分布式能源的聚合和协调优化，以作为一个特殊电厂来整体参与电力市场和电网运行。

图2-14　虚拟电厂建设

六、信息通信技术促进能源产业形态演进

先进信息技术与能源产业深度融合，正在推动能源行业的变革，它将形成互联网与能源生产、传输、存储、消费以及能源市场深度融合的能源产业发展新形态，这将有助于全面、充分地了解能源市场的信息，并以此提升市场效率、优化资源配置，实现能源生产消费一体化，进而推动整个能源行业可持续发展。

信息通信技术与能源新技术深度融合后，能源发展的关键思路在于智能电网的建设。在先进信息技术的基础上，以智能电网为核心、高度整合多种类型能源网络和多种形式交通运输网络的信息，形成新型能源供给利用体系。在横向上，它能够实现不同类型能源相互补充；在纵向上，它能够实现能源开发、生产、运输、存储和消费全过程的"源—网—荷—储"协调。智能电网通过新能源技术以及信息通信技术与能源的深度融合，从而实现整个系统的高效协调运行，支撑可再生能源的大量接入，提高电网的整体运行效率，以及服务和管理的精益化水平，如图2-15所示。

智能电网也是信息通信与能源行业深度融合后能源发展的新模式。它利用云平台、大数据、物联网、移动应用及智能控制等信息通信技术，与电力电子技术、现代控制技术和储能技术等能源新技术结合，实现电网数字化、自动

图 2-15 信息通信技术与能源及电力行业的融合需求

化、信息化和互动化。在发电侧,推广大规模储能资源,促进分布式能源利用;在输变电领域,开展智能变电站和智能输电建设,提高输电智能化水平;在配电网领域,积极开展主动配电网、微电网、区域能源网络和分布式能源耦合系统建设,提高新能源消纳水平,改善供能质量;在用电领域,开展需求侧响应和虚拟电厂建设,改善用户用能习惯,促进节能减排,提高电网运行效率。信息通信技术与能源新技术深度融合的智能电网是应对能源转型发展各种新需求的关键,其架构体系如图 2-16 所示。低碳能源转型过程中,电力系统

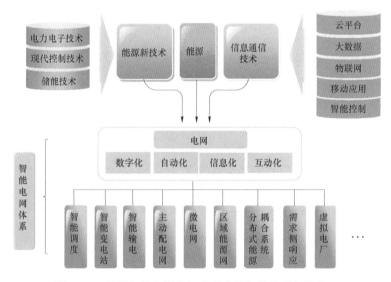

图 2-16 能源与信息通信深度融合的智能电网架构体系

是可再生能源利用的主要载体，提高电力系统智能化水平是可再生能源大规模消纳的重要保障；互联网理念带来的分布式能源发展新思路与智能电网理念完全契合，是智能电网在分布式能源利用方面的重要体现；用能方式转变中，电能在终端能源消费中的占比不断提高，用能方式转变的关键是用电方式的调整；由智慧城市引出的智慧能源体系中，智能电网发挥着关键作用，是现代能源体系的基础；电力市场改革带来的灵活市场机制创新和园区供能模式创新中，电力市场和电力系统是改革的关键。

第三节　能源发展新态势

一、新形势下能源发展技术及形态的演变

在能源发展新形势下，应从需求、思路、理念、机制、体制技术的全面转型和创新，带动全社会清洁高效发展，推动各行业和产业共同进步；推进信息通信技术与能源的深度融合，保障电网智能化建设，促进可再生能源和新能源发展，促进经济社会可持续发展。新形势下能源形态发展方向如图2-17所示。

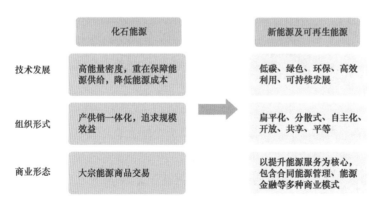

图2-17　新形势下能源形态发展方向

伴随着人类社会由工业文明步入生态文明，能源发展的总体趋势向着绿色、低碳、智慧演变，进而带来能源技术、能源组织形式、商业形态等各方面的变化，这将对能源产、供、销、用等各个领域产生深远的影响。

在能源技术层面，传统化石能源能量密度高，重点在于保障能源供给，以降低能源成本为目标，而新能源和可再生能源为主的能源发展新形态应坚持低碳、绿色、环保和高效利用，目标是可持续发展；在组织形式层面，传统能源属于产、供、销一体化，追求大规模集中式的规模效益，而未来能源结构以扁平化、分布式、自主化为特征，追求开放、共享和平等；在商业形态层面，传统能源仅是大宗能源商品交易，商业形态较为单一，而能源发展新形态是以能源服务为核心，包括合同能源管理、需求侧响应、能源金融等新业态，商业形态更为灵活。

二、贯穿全产业环节的能源创新发展

以"互联网+"所代表的现代信息通信技术与能源生产、传输、交易、消费各环节广泛融合，以共享、互联、平等、自治为特征的互联网理念在能源体系中的深化应用，构建起以电为基础，以智能电网为核心的能源发展新模式、新业态，如图 2-18 所示。

图 2-18　能源创新发展思路

在能源生产环节，推动以可再生能源为主的绿色低碳转型，调整能源结构体系，提高新能源和可再生能源在能源供给中的比例；在能源供应环节，实现"自下而上"的能源体系重构，利用互联网理念推动分布式能源发展；在能源销售环节，推进开放、灵活的市场机制及交易模式创新，还原能源的商品属性，用市场化的手段促进能源行业发展；在用能环节，基于智慧能源体系满足多样化用能需求，鼓励用户积极参与电网运行，提高能源利用效率，促进节能减排。

能源创新发展贯穿于全产业的各个环节，以智能电网为核心的能源基础设施与信息通信技术的深度融合是协调各个环节的纽带，可实现产业的全面技术提升。

三、能源创新支撑全产业发展

能源是各行业发展的驱动力，是支撑其发展的重要保障。能源行业与全社会各产业息息相关、相互促进。能源革命是工业革命的基础，历次工业革命都是基于能源生产方式的重大变革。建筑、交通、钢铁、信息通信等行业是支撑社会进步发展的基础性行业，在其生产过程中均离不开能源的驱动。能源的供应方式决定了人类生产和生活方式，是社会发展的基石。

能源创新是推动各行业产业创新的基础和前提。通过开展能源创新，在能源生产、传输、销售和用能各个环节变革创新，改善能源结构体系，提高供能质量，降低用能成本，为各行业提供更好的供能服务，将有力推动社会各行业的发展。同时，各行业的发展也将反过来促进能源行业的进步，形成良性循环。

第四节 能源转型发展新模式及未来发展情景

一、能源转型发展新模式

综合能源发展新需求和新思路，未来能源发展模式应为局部—区域—广域的多层次能源体系结构，如图 2-19 所示。

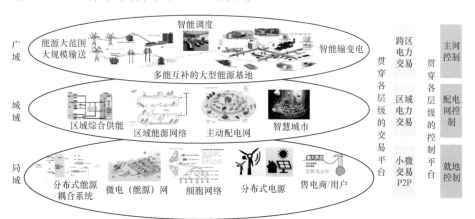

图 2-19 未来能源发展模式架构

从局部角度看，以分布式电源和用户、售电商、智能楼宇、智能小区、微电网、微能源网、分布式能源耦合系统、虚拟电厂等为构成要素，构成能源体系的基本单元；数字化和信息化将在各个基本单元中充分体现，实现能源和信息的双向传输，构建智能化能源系统的基础。

从区域角度看，以主动配电网、区域能源网络、智慧城市、智慧能源、综合供能等为构成要素，综合区域内所有基本单元，整合所有能源和资源，实现区域的高效管控，优化资源配置，提高资源利用效率。

从广域角度看，以多能互补的大型能源基地，能源大范围、大规模输送传输，智能输变电，智能调度等为构成要素，基于区域层面资源，在更大范围内综合协调管控，实现广域范围内的资源优化配置，在顶层高度综合管理能源体系。

各个层级通过贯穿上、中、下各个层级的控制系统和灵活交易平台实现高效控制和灵活交互。高效地控制系统能源体系的中枢，在局部层面以就地控制为主，保证各单元安全稳定工作；在区域层面，实现配电网协调调控，合理管控区域内各系统资源；在广域层面，增强主网控制，优化配置各区域资源。灵活的交易平台是能源体系的重点，在局部层面，应推广小微交易、P2P等交易模式，构建灵活开放的能源市场；在区域层面，应推动区域之间电力交易，实现各区域之间优势互补；在广域层面，应保障跨区电力交易，在更大范围内实现资源的合理利用。

二、未来能源转型发展的三个情景

1. 全面转向新能源

该情景的核心是减少对化石能源、核能的依赖，增加可再生能源供给，并降低能源消费，如图 2-20 所示。将以风、光为代表的新能源作为能源的主力，天然气和燃煤电厂只在部分时间运行，作为可再生能源的补充，通过先进的信息物理系统、储能系统、需求侧管理等手段，实现能源流通与配置的高效、灵活、安全、可靠。

德国是能源转向新能源的一个示范，在全面转向新能源的能源转型道路上走在了世界的前列。自日本福岛核危机以来，德国毅然加入"弃核"队伍，更加坚定地转向新能源和电动汽车的开发。2011 年德国议会决定：在接下来的 40 年内将其电力行业从依赖核能和煤炭全面转向新能源，并在 2022 年底前

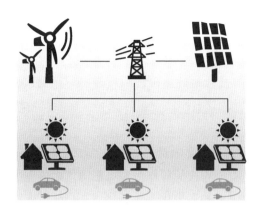

图 2-20　全面转向新能源的应用情景

全面关停核电厂。为了在不牺牲能源系统可靠性高标准的前提下，尽可能以最低的成本实现从化石、核能系统向主要依赖可再生能源系统的转变，德国计划在 10 年中将可再生能源比例加倍扩大至 35%。

2. 新能源与传统能源协同发展

该情景的核心是将新能源和传统化石能源、核能都作为能源体系的重要组成部分，共同支撑能源的安全可靠供应。一方面增加新能源的供应，增强新能源的消纳能力；另一方面，对传统能源进行清洁化改造，降低其对环境气候的影响，如图 2-21 所示。

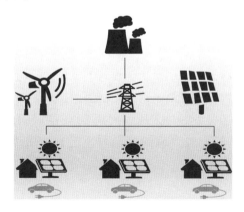

图 2-21　新能源与传统能源协同发展的应用情景

美国的能源发展与上述模式较为贴合。美国一直将确保自身在国际能源体系中的地位，提升国家能源安全度和保障度，加强对能源生态环境的保护，保证国家能源安全作为其核心目标，因此美国注重传统能源和新能源的协同发展。2001年，美国出台了《国家能源政策》，建议增加国内能源生产，实现能源品种多样化，实现能源来源多样化。2007年，出台《能源独立和安全法案》，目的是降低美国对外国原油供应的依赖性，以及缩减温室气体的排放。2016年11月，特朗普当选总统后宣布将展开一场能源革命，明确了新能源和传统能源协同发展的方向。

3. 分布式能源作为能源体系的支撑

该情景的核心是将分布式能源作为整个能源体系的支撑。通过大力发展分布式能源，实现能源供应的扁平化、区域化，在小区域内实现能源的自我平衡和自我调节；同时，各个区域之间通过电网保持联系，在各区域自我平衡的基础上，在更大的范围内实现能源的协调控制；推广分布式能源耦合系统、区域能源网络和微电网建设，实现分布式能源的高效管控，如图2-22所示。

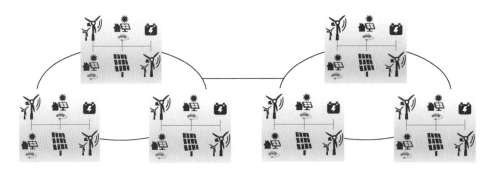

图2-22　分布式能源作为能源体系支撑的应用情景

丹麦的分布式能源发展证明了这一模式的发展前景。丹麦通过推广应用分布式能源系统，不仅大幅度提高了可再生能源的接入和消纳，而且提高了能源利用效率，实现了能源独立。丹麦用了大约20年的时间，大幅实现了由低能效、集中式、利用化石能源发电向区域自主发电、电力消费者自有发电的转变。

第三章

智能电网——
现代能源体系的核心

第一节 智能电网即未来电网

一、能源发展新模式下电网面临的挑战

自 20 世纪电力及其相关技术出现以来，电力行业得到了长足的发展，深刻影响了人类的生产生活方式，成为在世界范围内保障经济社会繁荣发展的重要因素。然而，随着世界经济的持续发展和能源发展新趋势、新模式的出现，以化石能源为主的传统电网面临的问题和挑战也越来越多，使得电网需要重新审视自身发展定位问题。电网发展面临前所未有的挑战和机遇。

1. 新能源、分布式能源的广泛接入

电网在支持新能源、分布式能源开发利用方面担负着重要的使命。以能源清洁高效利用为首要目标的新能源革命在世界各地逐步展开。增加清洁能源的供应，降低化石能源的使用，已成为各国减少环境污染、应对全球气候变化的主要手段。以风能、太阳能等为主的新能源开发利用技术日益成熟，逐渐成为发展清洁能源、替代传统化石能源的主要选择。然而，多数新能源的能量密度较低、资源分散，无法大规模地直接使用，只有将其试图创建一个将电力与通信、计算机控制系统集成起来的架构，才能实现便捷高效利用。

但是，新能源发电的随机性、波动性对以化石能源为主体的传统电力系统提出了新的挑战。一方面，基于化石能源为主构建的传统电力系统的电力输出较为平稳，控制模式较为单一，面对大规模随机性和波动性可再生能源电源的接入时，传统电力系统缺少必要的调节手段，面临着大量可再生能源接入带来的安全运行和稳定控制方面的挑战；另一方面，火电、水电、核电等传统电源多采用集中开发、统一调度的模式接入电网，而可再生能源资源分散的特点，决定了其开发利用模式必然是以靠近用户侧的大量分布式小型发电设施为主，这对传统电力系统的运行控制模式以及用户侧无源配电网络造成一定影响。因此，实现传统电力系统的智能化转型，增加系统灵活性、可靠性和对资源的优化配置能力至关重要。

2. 用能方式的多元多样

随着能源行业的清洁化发展和大气污染防治力度的加大，电能作为一种清

洁高效的二次能源，在终端能源消费中所占比例逐渐提高，以电代煤、以电代油、电动汽车等新型电力消费市场将不断出现和壮大，电力消费的多元多样需求也更加紧迫。同时，在信息时代背景下，人们已不满足于传统的能源生产和供给方式，追求个性化、舒适的定制方式是用能方式转变的方向。面对用能方式的多元多样，电网需要在充分了解用户需求，掌握用户用能基本信息的基础上，实现资源优化配置，合理配置用户的各种属性，将多元多样的产能用能需求进行资源整合，提高资源综合利用效率。

3. 能源新技术与电网的深度融合

近年来，各种能源新模式、新技术不断出现，极大地便利了人类日常生活，促进了社会发展，也对电力系统的发展提出了新的要求。电网作为现代社会的重要支撑和能源系统的主要平台，理应与新技术深度融合，以促进电网的安全高效运行和自身发展。当前，储能技术、新能源技术、分布式技术、信息通信技术、电动汽车技术等各项能源新技术、新产能用能模式的发展方兴未艾，这些新技术及新模式与电力系统的结合，将很大程度改变电力系统现有的运行方式和管理形式，也必将深刻影响电力系统在现代能源体系乃至整个经济社会中的地位和作用。因此，如何实现电与新技术的深度融合，提高电能生产传输利用效率，创造新的运营模式和经济增长点，也将是电力系统发展的重要任务和挑战。

4. 建设灵活的电力市场机制

建立灵活的电力市场机制是能源发展对电力发展的新需求。能源的发展转型，特别是可再生能源、分布式能源的迅速增长，要求具备更加灵活多样的电力市场机制，以促进可再生能源、分布式能源的大规模开发和消纳，提高能源的利用效率，实现资源的优化配置。随着分布式电源的开发、多元多样用能形式的出现，以及储能、电动汽车等技术的发展和推广应用，已具备建立灵活开放的电力市场机制的条件和要求。电网需要提高电力系统价格机制的灵活性，积极探索建立包含电量市场、辅助服务市场、跨省跨区交易市场等在内的多元化市场架构，为新能源的开发消纳和灵活多样的用能方式提供充足的市场选择与空间。

二、智能电网的提出

为应对能源发展新模式下电力行业面临的问题和挑战，世界各国和地区为解决新能源接入、产能用能多样化、实现电网自身发展等难点问题开展了深入的研究，向着提升电网自动化、数字化、信息化、互动化、智能化的方向不断发展，纷纷提出了智能电网的概念和发展思路。智能电网逐渐成为未来电网发展的方向。

最初，美国电力行业人员想寻求一种让电网变的智能、可靠和安全的方法，进而实现电网的自检测、自治愈功能，从而在事故发生早期将其检测出来，并及时解决和隔离故障，避免大规模的停电事件。为此，美国电力科学研究院早在 2000 年左右便开展了被称为"IntelliGrid"的研究项目，试图创建一个将电力与通信、计算机控制系统集成起来的架构，以提高对电网事故的预判能力。2003 年 2 月初，美国政府根据前两年对能源和电力问题研究的成果，提出有必要对国家电力传输系统进行现代化改造，以保障国家经济安全和国家整体安全。同年 4 月，美国能源部召集了 65 名资深人士共同探讨美国电网的未来，并将会议成果归纳形成了题为 Grid 2030 的报告，指出要建设现代化电力系统，以确保经济安全的同时促进电力系统的安全运行。Grid 2030 首次从国家战略高度对美国电网的远景进行了全面系统的规划和阐述；此后，Grid 2030 成为美国电力改革建设部署的指导性纲领。2003 年的"8·14"美加大停电事故后，美国电力行业决定利用信息技术对陈旧电力设施进行改造，以实现电网的智能控制、智能管理和智能分析。2004 年，基于信息技术将彻底改变电力系统的构想，美国提出了"智能化电网（Grid Wise）"的概念，将新的分布式发电技术、需求响应以及存储技术与传统电网相融合，协调控制整个电网。2007 年 12 月，美国国会颁布了《能源独立和安全法案》，用法律形式确立了智能电网（Smart Grid）的国策地位。

受到强烈的环保和节能意识的推动，欧洲在清洁能源利用和电网智能化发展方面一直走在世界前列。为了支持欧盟各国和地区开展节约能源、发展可再生能源和提高能源利用效率等行动，以更好地保护环境，实现可持续发展，2002 年欧盟委员会提出了"欧洲智慧能源"计划。2004 年 12 月召开的"国际可再生能源和分布式能源整合会议"上建议成立"未来电网欧洲技术论坛"。该论坛于 2005 年正式成立并更名为"智能电网欧洲技术论坛"，希望通过实现电网运营者和用户之间的互动，提高电力系统运行的效率、安全性以及可靠性。与此同时，欧盟框架计划（FP）策划了分布式能源、储能、电网等50 多个项目，这些项目成为互动电网发展技术研究和试验的先驱。次年 4 月，该论坛顾问委员会推出了"欧洲智能电网技术平台：欧洲未来电网远景和策略"（Europe Smart-Grids Technology Platform，Vision and Strategy for Europe's Electricity Networks of the Future），全面阐述了欧洲智能电网的发展理念和思路。2006年，欧盟理事会的能源绿皮书《欧洲可持续的、竞争的和安全的电能策略》（A European Strategy for Sustainable，Competitive and Secure Energy）指出欧洲已经进入新能源时代，强调智能电网技术是保证电能质量的关键技术和电网的发展方向。

作为世界能源消费大国，资源贫乏的日本严重依赖能源进口，其一次能源的对外依赖度达到90%以上。同时，在世界范围内控制气候变化的大背景下，日本也面临着巨大的节能减排压力。基于此，日本早在1992年就提出了能源安全、经济发展和环境保护的三位一体（"3E"）协调发展能源政策，并于2002年确立为日本能源政策的基本纲领。在"3E"能源政策的指导下，日本提出了智能电网的发展方向：积极发展可再生能源，降低发电成本，进行能源新技术创新。在福岛核事故以后，智能电网以大力发展可再生能源和推动电力体制改革为契机，成为日本新经济振兴的突破口。2011年6月，日本于第十三次新时代能源和社会系统讨论会上正式提出了较为完整的"日本版智能电网"体系化理念，明确了日本智能电网发展的战略目标和重点任务，形成了包含国家、区域和城镇（家庭）3个层面的体系架构。

我国能源结构以煤炭资源为主，煤炭资源大多分布在西部和北部地区，而我国能源消费需求集中在经济较为发达的中东部和南部地区，导致我国能源生产和能源消费格局不匹配。随着能源开发向我国西部等内陆地区推进速度的加快，能源基地和能源消费地之间的距离越来越远，电网的大规模、远距离、高效率输送问题越来越明显。同时，随着风力发电、光伏发电等新能源产业的迅速发展，电网面临的可再生能源的接入以及正常运行问题日益显现。这些情况导致我国电网面临巨大的挑战，既需要应对日益严峻的环境保护压力，又要实现大范围的资源优化配置，提高全天候运行能力，满足能源结构调整和能源安全的需求。为解决上述问题，我国提出了智能电网的概念并开展了相关建设。在2010年3月召开的全国"两会"上，温家宝总理在《政府工作报告》中强调："大力发展低碳经济，推广高效节能技术，积极发展新能源和可再生能源，加强智能电网建设"。这是我国政府第一次提出将智能电网建设作为国家的基本发展战略。

综合上述情况可以看出，近十几年来，世界各主要国家纷纷提出智能电网的概念，并开展了内容丰富的智能电网的研究、规划和建设。主要国家都把智能电网作为未来电网的发展方向甚至是国家战略，这有其充分的必然性。

1. 智能电网的提出是电网面对新能源接入和系统安全可靠挑战的必然选择

新能源和分布式能源的大量接入，是当前环境气候条件对能源以及电网提出的新要求。传统电网的集中、单向、自上而下的能源产—供—销—用模式无法适应新能源和分布式能源的开发利用特点，需要建立一种分散、双向、自下而上的电能产销模式，以提升电网的灵活性、柔性化水平，增加分布式能源和新能源的接入，提高清洁能源占比。

同时，电网规模和供电范围的不断扩大，也导致电网的停电风险增加、供电恢复更加困难，停电导致的社会经济损失也越来越大。2003 年的美加大停电事故波及美国东部电网和加拿大电网，约 5000 万人受到影响，共计损失负荷 6180 万 kW，导致纽约市在停电 29h 后才恢复供电。停电给北美地区带来了巨大的经济损失，美国停电期间每天的损失约为 300 亿美元，加拿大安大略省整个停电期间的损失约为 50 亿加元。电网的安全可靠成为必须面对的重要问题，建设智能电网是保障安全可靠的电力供应的必然选择。

2. 智能电网的提出是电网技术发展的必然趋势

信息通信技术和自动化技术的发展，特别是云计算、大数据、物联网、移动互联、人工智能（简称"云、大、物、移、智"）等新技术的广泛发展和深入应用，使电网与各项新技术的融合更加紧密，极大地提升了电网的智能化水平。例如，测量与信息技术在电网中的应用，为电力系统运行状态感知和状态分析提供了技术支持，使电网具备更高的灵活性和可靠性；云计算、大数据等技术提升了电网信息平台的承载能力和业务应用水平，实现了对传统数据资源的集中管理和数据价值的充分挖掘，使电网具备更高的智能化水平；移动互联、"互联网+"理念和相关技术在电网的推广使用，促进了电力系统中各个参与者之间的交流，为分布式能源的大规模开发利用创造了条件，成为电网高效、经济运行的重要手段。日益发展的新技术，特别是能源技术和电网技术的发展，必将使电网向着更加柔性、灵活、智能、高效的智能电网发展。

3. 智能电网的提出是社会经济发展的必然要求

建设智能电网具有巨大的经济效益和社会效益。以智能电网建设为载体和有利契机，实施新能源和分布式能源产业战略，可在应对能源安全和气候环境问题的同时，创造新的经济增长点和驱动力。首先，建设智能电网，有利于清洁能源的开发与利用，在优化电源结构、减少化石能源消耗、减少对环境气候影响的同时，带动清洁能源产业发展；其次，建设智能电网，能够增加电能在终端能源的消费比例，有利于推动以电代煤、以电代油、电动交通等产业的发展；再次，建设智能电网，能够提升"源—网—荷"互动能力，在提高供电可靠性和电能质量的同时，提升电网输送能力，延缓电网投资，提高电网资产利用效率；最后，建设智能电网，有利于促进新材料、信息通信、物联网、储能等领域的装备制造和技术发展，形成新的产业和经济增长点，推动经济的发展和结构优化升级。可见，发展智能电网能够从多个方面促进社会经济发展，是未来经济发展的重要一环，是实现社会经济转型的必要条件。

三、智能电网的定义

目前，由于不同国家的电网发展阶段不同，各国资源，特别是能源资源禀赋差异巨大，在电力供应和能源保障方面面临的问题也不尽相同，导致各国对智能电网的理解和发展侧重点有所不同，在国际范围内尚未形成统一的智能电网定义。一些国家和组织从智能电网采用的主要技术和具有的主要特性对其进行了描述，纷纷提出了各自对智能电网的定义和理解：

美国电力科学研究院（EPRI）对智能电网的定义为：由多个自动化的输电和配电系统构成，以协调、有效和可靠的方式运作；快速响应电力市场和企业需求；利用现代通信技术，实现实时、安全和灵活的信息流，为用户提供可靠、经济的电力服务；具有快速诊断、消除故障的自愈功能。

美国国家能源部（DOE）对智能电网的定义为：采用先进的传感技术、通信技术和控制技术来保证更为高效、经济和安全的发电、输电和供电的现代电网，集成了从发电、输电和配电以及用电设备领域的大量有益于社会的创新技术和手段，以满足不断变化的未来社会需求。

欧洲技术论坛对智能电网的定义为：智能电网集创新工具和技术、产品与服务于一体，利用高级感应、通信和控制技术，为客服的终端装置及设备提供发电、输电和配电一条龙服务、它实现了与客户的双向交换，从而提供更多信息选择、更大的能量输出、更高的需求参与率及能源效率。

IBM 公司提出的智能电网解决方案为：① 通过传感器提高电力设备的数字化程度；② 建立数据的整合体系和收集体系；③ 提高数据分析、优化运行和管理的能力。

我国国家发展改革委、国家能源局在 2015 年 7 月发布的《关于促进智能电网发展的指导意见》中指出，智能电网是在传统电力系统基础上，通过集成新能源、新材料、新设备和先进传感技术、信息技术、控制技术、储能技术等新技术，形成的新一代电力系统，具有高度信息化、自动化、互动化等特征，可以更好地实现电网安全、可靠、经济、高效运行。

从上述各国家和组织对智能电网的定义可以看出，到目前为止，国际范围内对智能电网还没有一个被广泛接受的定义。本书作者认为，可以把智能电网看作是未来电网的一个代名词，代表着未来电网的发展方向，可认为智能电网是以储能、电力电子等新材料、新技术改造传统的物理电网，并将现代先进的传感测量技术、通信信息技术和控制技术与物理电网高度集成，从而形成的更加灵活、可靠、安全、自适应、自愈、高效，可以适应大规模可再生能源、分布式电源的接入及用户侧需求响应的新型电网。

作者认为，我国发展智能电网应着眼于构筑开放、多元、互动、高效的能源供给和服务平台，建立集中与分布协同、多种能源融合、供需双向互动、高效灵活配置的现代能源供应体系。智能电网的核心目标应是支撑新能源、分布式电源的广泛开发和高效利用，大规模提高新能源在能源终端消费中的占比，改变能源供给和消费模式。智能电网的实现路径在于柔性直流、灵活交流设施的广泛部署，"源、网、荷"高效互动，各种能源高效互补运行。智能电网的技术基础在于全面覆盖的信息通信基础设施，以及全面感知、高度自治、基于大数据的智能决策、电力电子、电力控制技术的全面提升和广泛应用。

四、智能电网的核心价值和特征

1. 智能电网的核心价值

统观世界各国的智能电网，均是立足于解决能源供给问题，保证能源供应的安全、可靠、绿色、高效。因此，发展智能电网，是作为解决能源独立和全球变暖问题的整体框架的一部分，是可持续发展的能源战略的一部分。

在过去 100 年内，人类消耗了地球历经数百万年所集聚形成的碳氢化合物的一半，石油资源已过"供应顶点"。对化石能源的过度依赖已严重危及人类社会的发展，在越来越多的地区性争端甚至战争中都笼罩着能源争夺的巨大阴影；环境日益恶化、全球变暖问题日益严重，已威胁到大量地球生物的生存。

因此摆脱对化石能源的过度依赖，实现能源的可持续供给，实现能源独立，保证国家能源安全，促进世界和平、进步、发展，成为世界各国的共识。通过对新能源技术的探索，改变对现有化石能源的过度依赖，将以风能、太阳能等可再生能源为主重组能源消费结构和能源利用方式，从而催生以新能源为主导的又一次全球新技术和新产业革命。

因此，发展智能电网的核心价值在于：

（1）调整能源结构，建立多元互补的能源供给体系。通过发展新能源、分布式能源的广泛接入，实现能源结构的调整，建立集中与分布式协同、多元融合、供需互动、高效配置的能源供给体系，支撑我国绿色低碳经济发展。

（2）推动能源消费革命，提高能源利用效率。通过支持分布式能源的广泛发展，提高能源开发和利用效率，实现能源总量控制目标，助力于经济转型与可持续发展。

（3）实现与用户的互动，提供更为丰富便捷的用能服务，满足差异化的需求。通过广泛部署的需求侧响应机制，实现能源与用户间的高效互动，以综合能源服务等形式，提供更为丰富便捷的用能服务，满足差异化的用能需求。

（4）优化电网资产应用，使运行更加高效。全面贯通电力生产消费的业务流程，提升运行管理效益。实现"源—网—荷"的高效互动，允许各类分布式能源和储能设备安全、无缝地接入电网，实现"即插即用"，全面提升对能源的优化配置水平。

（5）自适应和自愈功能。具有自适应的能力和主动应对电网各种突发事故的自愈能力，使电网具有强大的"免疫系统"。

（6）带动相关产业的跨越式发展。积极促进新能源、储能、超导、电力电子设备、IT 等产业核心技术的研发和部署，带动相关产业的跨越式发展。

2. 智能电网的主要特征

相对于传统电网，智能电网具有更高的安全性、可靠性、适应性、经济性、开放性，智能电网具有如下特征：

（1）安全。智能电网能更好地对人为及自然发生的扰动和故障做出辨识与反应，在自然灾害、外力破坏和网络攻击等不同情况下保证人身、设备、电网的安全。

（2）灵活。智能电网可以实现各种类型电源的"即插即用"，在满足传统电厂接入的基础上，能够安全、无缝地实现风能、太阳能、地热能等分布式、可再生能源以及储能系统的接入运行，实现多种能源的兼容并蓄。与此同时，分布式能源的广泛接入和部署能提高供电可靠性，储能系统的大量使用将有利于电网的削峰填谷，从而促进电网灵活性的提升，减少电力设施和电厂的投资建设。

（3）自愈。智能电网运行时将进行持续的自我评估，通过对电网的实时监测、在线分析预测及自动控制，及时发现整个电网的健康状况和薄弱环节，快速诊断、隔离、消除故障，并自我恢复，避免发生大面积停电，确保电网的可靠性、安全性、电能质量和效率。

（4）高效。智能电网通过采用新的技术和能源利用形式，提高能源的使用效率；通过对电力设备运行状态的在线监测、在线评估及状态检修等先进技术，使电网设备得到全过程最优化的运行管理，实现电网潮流的合理分布，促进电网的高效运行，增强电网输送能力，延长设备使用年限，使运行更加高效，优化调整电网资产的管理和运行，以实现用最低的成本提供所期望的功能，优化其资产应用。

（5）互动。智能电网鼓励和促进用户参与电力系统的运行和管理，使用户充分参与到电力市场化运作中来。用户通过实时了解电网供需信息，根据峰谷情况自由选择用电方式，甚至可以选择是否向电网输送电力。通过电网和用户之间的交互响应，实现削峰填谷，减少电力基本建设和运行费用。同时，由于减少了备用电厂，降低了能源消耗对环境的影响。需求响应还鼓励用户替换低效益的终端设备，积极发挥用户自身设备的作用，达到各类资源综合利用的目的，实现整体用电方案最优。

（6）优质。智能电网将为数字经济时代提供优质的电能，通过利用先进的电力电子设备，对受影响的电能实施无功补偿等措施，确保电能的优质供应。智能电网可将优质优价作为电力服务供应及市场运作的基本原则，以不同的价格水平提供不同等级的电能质量，满足用户的电价承受能力及对不同电能质量水平的需求。

第二节　国内外智能电网的发展重点

智能电网概念自 2001 年提出以来，世界各国政府、电力企业、科研机构结合相关经济社会发展水平、能源资源禀赋特点和电力工业发展阶段，进行了大量研究和实践探索，智能电网的概念和特征、内涵与外延不断得到丰富发展。从国际范围来看，智能电网已经成为各主要国家经济和能源政策的重要组成部分，成为解决环境气候问题、保障能源安全的重要手段，成为促进就业、带动投资、创造经济增长点的重要产业。特别是随着全球新一轮科技革命和产业变革的兴起，先进信息技术、互联网技术和理念与能源产业深度融合，推动着能源新技术、新模式和新业态的兴起，发展智能电网成为保障能源安全、应对气候变化、保护自然环境、实现可持续发展的重要共识。美国、欧洲、日本、中国等国家和地区都在根据本国或本地区电网情况和经济社会发展特点，积极开展智能电网建设和研究，并取得了一定的进展和良好的实施效果。

一、国外智能电网的发展重点

与我国电力工业正处在较快发展阶段的情况不同，欧美等发达国家的电力需求已经基本趋于平稳，电网结构已较为稳定和完善，输变电能力较为充裕。因此，欧美等发达国家智能电网的发展重点主要集中在老旧电力设施的智能化改造和促进新能源、分布式能源的开发消纳及高效利用。

（一）美国

2001 年，美国电力科学院（EPRI）提出"IntelliGrid"概念，并于 2003 年提出《智能电网研究框架》。2003 年 6 月美国能源部（DOE）发布《Grid 2030——电力的下一个 100 年的国家设想》报告，该纲领性文件描绘了美国未来电力系统的设想，确定了各项研发和试验工作的分阶段目标。2004 年，完成了综合能源及通信系统体系结构（IECSA）研究。2005 年，发布的成果中包含了 EPRI 称为"分布式自治实时架构（DART）"的自动化系统架构。2007 年，颁布《能源独立和安全法案》，明确了智能电网的概念，确立了国家层面的电网现代化政策。2009 年，总统奥巴马签署《美国复苏与再投资法案》，将智能电网提升到战略高度；同年，宣布智能电网建设的第一批标准。2010 年，美国国家标准和技术研究所正式公布新一代输电网"智能电网"的标准化框架。2014 年，美国落基山研究所提出美国 2050 电网研究报告，提出了可再生能源占比达到 80%的目标和可行性分析。2015 年 8 月，奥巴马政府提出"清洁电力计划"，要求所有发电企业碳减排在 2030 年要在 2005 年的基础上减少 32%，但遭到共和党强烈抵制，于 2016 年 2 月被美国最高法院下令暂缓执行。2016 年 11 月，总统特朗普表示美国将展开一场能源革命，充分使用可再生能源和传统能源，使美国转变为能源净出口国。

美国智能电网发展路线与目标如图 3-1 所示。

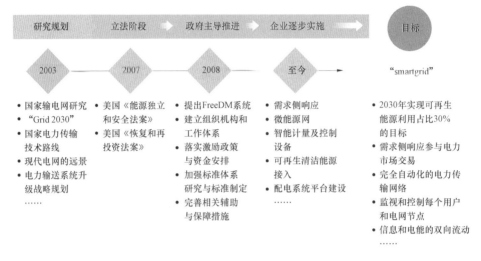

图 3-1　美国智能电网发展路线与目标

　　美国智能电网建设主要关注两个方面：一方面是升级改造老旧电力网络以适应新能源发展，保障电网的安全运行和可靠供电；另一方面是在用电侧和配电侧，最大限度利用信息技术，采用电力市场和需求侧响应等措施，实现节能减排以及电力资产的高效利用，更经济地满足供需平衡。从美国智能电网投资项目的领域和资金分配来看，美国发展智能电网的重点在配电和用电侧，注重推动新能源发电发展，注重商业模式的创新和用户服务的提升。美国发展智能配电网系统的关键技术主要包括高级配电自动化技术和配电管理领域。高级配电自动化技术解决方案是在传统的配电自动化系统中增加相应功能用于解决分布式能源、电动汽车接入带来的问题，降低网损和能源消耗；配电管理技术是将停电管理系统和高级量测系统（AMI）集成，提高用户停电管理水平、供电可靠性和工作效率。美国智能用电的解决方案的核心是需求响应，通过包含终端系统、表计数据管理系统、需求响应管理系统的建设和 AMI 的部署以及实施动态电价的实施，使具备调节能力的发电和用电设备参与需求响应。

　　美国联邦能源管理委员会（FERC）指出，智能电网的优先发展领域是广域态势感知、需求响应、电能存储以及电动汽车。国家标准和技术学会（NIST）又在此基础上追加了信息安全、网络通信、高级量测体系、配电网管理等方面。

案例1

美国 PJM（Pennsylvania-new Jersey-Maryland）公司是北美最重要的区域输电组织，其开展需求侧响应项目的历史较长，需求侧响应资源已经参与到 PJM 主能量市场、容量市场和辅助服务市场当中，带来了显著的经济效益。

2012 年美国东部引入容量市场后，2012～2013 年增加了 11GW 的需求侧资源，通过采取需求响应、分布式储能、光伏发电、微网等综合手段，实现能效明显提升，满足了未来 3 年的负荷增长需求，延缓了约 10 亿美元的变电站投资规模。

案例2

美国爱迪生联合电力公司（Con Edison）联合太阳能公司（SunPower）和储能管理公司（Sunverge）推出新型屋顶太阳能+储能捆绑包，在纽约打造一个"虚拟电厂"示范，涵盖纽约布鲁克林和皇后区中的 300 户家庭，如图 3-2 所示。用户将自家屋顶提供给电力公司，SunPower 租赁其太阳能电池板，电力公司出资建设屋顶光伏发电系统，Sunverge 提供锂离子电池存储系统，通过参与需求侧响应、参与电网削峰填谷等方式，在提高供电可靠性的同时减少用户电费达 80%。

图 3-2　美国 Sunverge "虚拟电厂"示范

案例3

　　加州奥兰治县尔湾市内的欧文智能电网（ISGD）由南加州爱迪生电力公司运营，该项目主要包括三个方面的子项目：① 对家庭用电系统进行深度改造，通过智能电网技术实现零能耗（ZNE）家庭，并引入需求侧管理技术和机制，以优化能源使用、改善电网性能；② 构建大型锂离子电池、配电级电池储能系统（DBESS），通过储能系统的充放电控制，降低变压器、线路等的高峰负荷，实现移峰填谷，延缓电网投资；③ 实现配电网电压和无功功率控制（DVVC），使区域内的电压尽可能维持在可接受的最低水平，从而达到降低峰值负荷和电能消耗的目的。项目成效如图3-3所示。

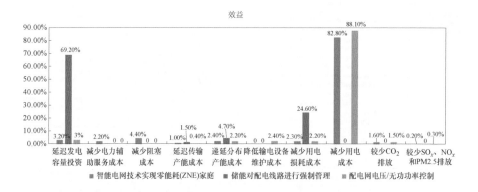

图3-3　美国欧文智能电网示范项目成效

（二）欧洲

　　2004年欧盟委员会启动智能电网相关的研究，提出了在欧洲要建设的智能电网的定义。2005年成立欧洲智能电网论坛，并发表了多份报告：《欧洲未来电网的愿景和策略》重点研究了未来欧洲电网的愿景和需求，《战略性研究议程》主要关注优先研究的内容，《欧洲未来电网发展策略》则提出了欧洲智能电网的发展重点和路线图。2006年，欧盟理事会的能源绿皮书《欧洲可持续的、竞争的和安全的电能策略》强调欧洲已经进入一个新能源时代。2008年底，欧盟发布《智能电网——构建战略性技术规划蓝图》报告，提出

"20—20—20"框架目标，即到 2020 年，能效提高 20%，二氧化碳排放总量降低 20%，可再生能源比重达到 20%。欧洲整体智能电网发展路线如图 3-4 所示。

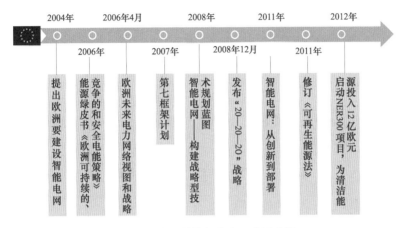

图 3-4　欧洲整体智能电网发展路线

欧洲智能电网建设的驱动因素可以归结为市场、安全与电能质量、环境等三个方面。受到来自开放的电力市场的竞争压力，欧洲电力企业亟待提高用户满意度，争取更多用户。因此，提高运营效率、降低电力价格、加强与客户互动就成为欧洲智能电网建设的重点之一。与美国用户一样，欧洲电力用户也对电力供应和电能质量提出了更高的要求，而对环境保护的极度重视，以及日益增长的新能源并网发电的挑战，使欧洲比美国更加关注新能源的接入和高效利用。

1. 德国

德国在能源转型和电网智能化方面处于领先位置，其智能电网的发展路线与目标如图 3-5 所示。2011 年 6 月，德国议会做出历史性决定，在接下来的 40 年内将其电力行业从依赖核能和煤炭全面转向可再生能源，2022 年底前核电厂全面关停。预计到 2020 年，德国一次能源消费总量比 2008 年减少 20%，可再生能源发电在总能源消耗中的占比将达到 35%，温室气体排放相对 1990 年减少 40%；到 2050 年，一次能源消费总量比 2008 年减少 50%，可再生能源发电在总能源消耗中的占比将达到 60%，温室气体排放相对 1990 年减少 80%。电能整体消耗量会降低，但占比会大大提高。

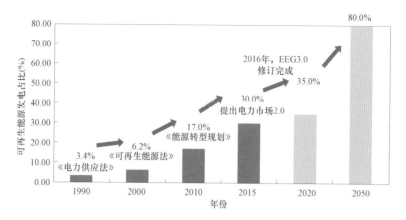

图 3-5　德国智能电网的发展路线与目标

德国在智能电网发展和能源转型方面主要体现在以下几个方面：积极扩展调峰资源，推动市场化的调峰机制建设；多种能源协调优化运行，改善电网调度运行机制，适应可再生能源优化互补运行；提升电网灵活性，满足可再生能源即插即用的需求，发展新能源柔性直流送出技术，提高并网灵活性；增强分布式能源消纳能力，积极发展微电网、主动配电网、区域能源网络等，促进分布式能源消纳；建立健全市场化运行机制，通过价格手段引导供给侧和需求侧调整，保障可再生能源消纳。

德国积极推进电力市场改革。2015 年 7 月，德国联邦经济与能源部发布《适应能源转型的电力市场》白皮书，作为指导德国电力市场未来发展的战略性文件，提出构建适应未来以可再生能源为主的电力市场 2.0。该文件的核心之处是确定了德国未来的电力市场采取市场化的原则，由市场需求决定电价，通过市场化手段保障电能可靠供应和优质廉价。2016 年，可再生能源法案（EEG3.0）修改完毕，取消了实施了近 30 年的可再生能源上网电价补贴政策，采用更加市场化的竞拍机制来推动可再生能源的发展。

德国注重通过技术和政策两方面的手段保障可再生能源的接入和消纳。从管理和规划角度，提高新能源并网管理功能，实现新能源并网问题的就地控制和解决；从技术角度，注重信息通信等先进技术与能源、电力等传统领域的融合，提倡建立智能化的主动配电网。

案例1

　　德国在西北部地区建设了面积达 2665km² 的高比例可再生能源电力示范区。该地区当前新能源发电量占用电量比例已达 120% 以上，计划未来占比将达到 170%。西北部地区可再生能源的高渗透率与技术和政策方面的强力保障有着紧密关系。在技术方面，德国提倡由各个配电网公司主导的智能化主动配电网方案，同时借助智能化的市场化措施，提高对新能源的预测和消纳能力；在政策方面，德国制定了相关法律，提出了影响较大的 5% 原则，即新能源限发总量不得高于年发电量的 5%，有力推动了新能源的并网和消纳。

案例2

　　德国法兰克福智能电网示范区提出到 2050 年实现能源消费总量减少50%、温室气体减排 95%、100% 可再生能源的城市发展目标。为了保证实现 100% 可再生能源的目标，法兰克福市从最大限度地利用当地可再生能源、提高能效和充分挖掘节能领域巨大潜力、加强区域性能源合作、推动智能化解决方案等各方面推动建设。

案例3

　　为加强信息通信技术与能源的深度融合，德国联邦经济与技术部（BMWi）发起了 E-Energy 大型研发项目，旨在探索以信息通信技术为基础的未来能源系统。项目总资金 1.4 亿欧元，覆盖遍布在德国的 6 个示范区。库克斯港示范区项目，通过信息通信技术使电力系统的生产者和消费者实现能源系统集成；莱茵—鲁尔工业区示范项目，开发面向未来能源市场的网络化的分布式能源系统；巴登示范区项目，以减少二氧化碳排放为出发点；曼海姆示范城市项目，鼓励能源供应商将应用和客户实时地接入能源市场；哈尔茨示范区项目，实现电力系统接纳更多可再生能源甚至100%消纳；亚琛示范区，利用能源互联网和智能电能表提高能源系统的自我调节能力。作为德国的灯塔创新项目，E-Energy 项目研究接纳高比例可再生能源的电力系统，其最终目标是 100% 可再生能源，其技术核心则是通信系统与能源系统的深度融合。

2. 北欧

北欧国家主要包括丹麦、瑞典、挪威、芬兰等，因所处地域自然环境、资源不同，北欧各国的发电系统各不相同：挪威的电源几乎全部是水电，丹麦则是风能富集，其智能电网发展路线如图 3-6 所示。国际能源署 2013 年 1 月发布的《北欧能源技术展望》指出，北欧地区通过能源领域的大幅改革，包括实施风能发电量增长 10 倍、不再使用煤炭、运输领域大幅电气化等改革措施，到 2050 年可以实现碳平衡。

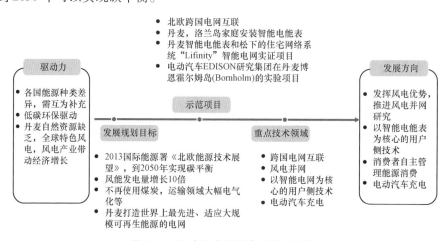

图 3-6　北欧国家智能电网发展路线

北欧智能电网研究重点技术领域包括跨国电网互联、风电并网、以智能电网为核心的用户侧技术、消费者自主管理能源消费、电动汽车充电等方面。未来，北欧国家将继续发挥风电优势，推进风电的并网研究，继续推进以智能电能表为重要内容的用户侧研究，并以此为基础，积极推进智能电网在发电、输电、变电、配电等环节的应用。

在北欧国家中，丹麦在智能电网及可再生能源利用方面最具典型性。2015年11月，丹麦发布了《丹麦能源转型路线图》，到2050年丹麦将实现100%应用可再生能源，意味着可再生能源生产将满足电力、供热、工业和交通运输的全面能源需求。丹麦的非水电可再生能源比例在全球电力系统中最高，2013年已达到46%，2014年丹麦电力消耗的近40%来自风电，预计到2020年将达到50%。

丹麦在2013年启动新的智能电网战略，推进消费者自主管理能源消费。该战略以小时计数的新型智能电能表为基础，建设"智能电能表+家庭能量管理"、"智能电能表+电动汽车"等多种系统，采取多阶电价的措施，鼓励消费者在电价较低时用电。

丹麦在可再生能源利用方面取得丰硕成果，主要包括以下几个方面：① 热力供应与电力平衡相结合，推广应用内置蓄热器的小型热电联产，提高热电联产机组灵活性；② 火电灵活性改造创新，经过技术改造和调整，丹麦电厂的调节速度和最低发电出力水平国际领先，显著提高火电机组调峰能力；③ 在电力系统控制和调度中采用创新先进的风能预测，提高了整合和平衡高比例可再生能源的能力；④ 建立完善辅助服务市场，让热电联产机组和燃煤电厂还可以从辅助服务市场获得收益，保障高比例可再生能源电力系统运行；⑤ 加强电网的国际互联，满足电力需求的灵活性，做出快速响应，实现各个国家之间的多能互补。

（三）日本

日本发展智能电网的目的在于解决资源匮乏问题，促进能源高效利用。日本智能电网的发展采取政府主导、行业协会组织敦促、研究机构积极投入、电力企业主推、相关设备企业的联手参与的模式，如图3-7所示。日本电网信息技术先进，自动化水平和可靠性相对较高，对日本来说，发展智能电网主要面对的问题是如何应对越来越多的接入电网的屋顶光伏、燃料电池等分布式电源，因此日本将家庭能效管理（HEMS）、建筑能效管理（BEMS）、电动汽车交通能源管理以及"光伏发电+储能"等方面作为智能电网的发展方向和主要模式。在零售业务全面自由化改革的背景下，日本在智能电网建设中引入大量的可再生能源、能源管理、高性能储能等技术，在分布式光伏发电、风能发电、分布式电网储能、微电网、电动汽车等方面开展了大量的实践工作。

能源背景	→	政府政策	→	示范项目及重点技术领域
• 自然资源匮乏 • 大地震导致核电机组大量关闭 • 电价上涨		• 2013年,《能源基本计划》草案中将光伏发电、风能和可燃冰等新能源作为发展重点 • 2014年6月,《电气事业法》中规定电力零售到2016年实现全面自由化		• 在横滨市、丰田市、学研都市和北九州市地区开展智能电网示范工程实验和建设 • 能源岛/分布式能源网 • 储能/燃料电池 • 大力发展燃料电池车:计划2016年底扩充至100座氢燃料充电站

图 3-7　日本智能电网发展路线

案例

为推动智能电网发展,2010 年 4 月,日本经济产业省在神奈川县横滨市、爱知县丰田市、京都府学研都市以及福冈县北九州市 4 个地区开展了智能电网示范工程试验和建设。示范项目以能源和智能电网为中心,涵盖通信、交通、公共生活等多方面的内容,如图 3-8 所示。

• EDMS实现供需预测和能量管理
• TDMS实现交通供需优化管理
• 与2005年相比,2030年CO_2家庭排放减少20%,交通排放减少40%

丰田市:家庭能源、低碳交通

• 实现区域之间的能源互联互济
• HEMS、BEMS、CEMS的有效协同
• 建设新一代的交通体系
• 与2004年相比,2025年CO_2排放削减30%

横滨市:智能住宅、光伏发电

学研都市:智能住宅、智能楼宇

北九州市:区域能源、智能电能表

• 200户住宅及70家单位安装智能仪表
• 实现家庭,楼宇以及交通能量管理
• 与2005年相比,民生和运输方面CO_2减排50%

• 安装智能电能表,提升能源信息化水平
• 将交通、生活等的能源消耗纳入管理系统
• 与1990年相比,2020年减少CO_2排放30%

图 3-8　日本智能电网示范项目

横滨市建设社区能源管理系统（CEMS），实现了"港未来21"、港北新城、横滨绿谷区3个地区的能源互联互济，在4000户家庭安装家庭能源管理系统（HEMS）和光伏发电系统，在公寓等建筑安装建筑能源管理系统（BEMS），并通过HEMS、BEMS、CEMS系统的协同工作，结合可再生能源出力及负荷情况，对储能系统和用能情况进行调节，实现对能源的优化控制。

丰田市以新能源汽车和家庭用电为重点开展智能电网试点项目研究。该项目的核心是通过能够预测地区电力需求的能源数据管理系统（EDMS）以及交通供需管理系统（TDMS），整合光伏发电、燃料电池、新能源汽车、热泵等电力单元，在收集分析电力相关信息的基础上对电力设备进行有效控制，实现家庭、社区能源的有效利用，实现交通供需最优，促进低碳交通系统的构建。

学研都市示范项目的重点是在京都府京田边市、木津川市和精华町等地区，建设家庭和地区的储能系统，实现区域电力供给的平衡。该项目在1000户家庭安装光伏发电系统和储能装置，并通过系统信息化水平的提升，实现对家庭、楼宇、电网、交通、垃圾处理等方面设备的智能控制，实现社区整的体能源消费管理。

北九州市示范项目的特点在于独立于大电网，通过天然气热电联供系统实现电力和能源的供应。该项目建设储能系统、光伏发电系统、小型风机、燃料电池等能源系统，通过需求侧管理（demand side management，DSM）系统调节用户电力需求，实现区域内部的电力供需平衡，实现地区整体能源的优化利用。

二、我国智能电网的发展重点

我国政府积极推动智能电网的发展。自2010年首次将"智能电网"写入政府报告以来，国务院、国家发展改革委、国家能源局及各级政府部门出台了一系列的智能电网相关文件和指导意见，组织实施了多个与智能电网相关的示范项目。2015年，国家发展改革委、国家能源局联合发布《关于促进智能电网发展的指导意见》，对智能电网发展意义、指导思想、基本原则、发展目标和主要任务等重要问题做了指导，为我国智能电网的发展指明了方向。特别是随着"互联网+"战略的提出，智能电网的发展更是迎来了巨大的发展机遇。从 2015 年至今，国家开展了新能源微电网、多能互补集成优化、火电灵活性改造、"互联网＋"智慧能源等多类项目的试点示范工作。我国智能电网的发展涉及电力系统发电、输电、配电、用电等方面，从电力系统各个环节探索能源和电网发展的新思路、新模式，促进我国智能电网的全面发展。

1. 中国南方电网有限责任公司

中国南方电网有限责任公司（以下简称南方电网公司）所辖区域东西跨度 2000km，依托西电东送构建了南方电网和各省（区）的骨干网架，促进南方区域能源资源的优化配置，保障交直流混联特大电网安全稳定运行，持续推进城乡电网规划建设，满足了供电区域内国际化都市、城镇、农村、海岛等多样化的供电需求。

"十二五"期间，以促进电网向更加智能、高效、可靠、绿色的方向转变为目标，以应用先进计算机、通信和控制技术升级改造电网为发展主线，在新能源并网技术、微电网、输变电智能化技术、配电智能化技术、信息通信技术、智能用电技术、支撑电动汽车发展的电网技术等领域开展了广泛的技术研究，并在大电网安全稳定运行、分布式能源耦合系统、微电网、电动汽车充换电、主动配电网、智能用电等方面开展了诸多示范工程建设。

保障交直流混联电网安全运行方面，通过基于 WAMS 的多直流协调控制抑制系统低频振荡，建成世界上首个 ±800kV 特高压直流输电示范工程，以及世界上容量最大、电压等级最高的 ±20 万 kW STATCOM 工程，建设世界第一条多端柔性直流输电工程，通过永富直流、鲁西背靠背实现云南电网与南方主网异步互联等。

提升电网可靠性和智能化水平方面，建设投产智能变电站超过 150 座，制定了一体化电网运行智能系统（OS2）技术标准体系并完成关键技术攻关和试点建设。在广东佛山、贵州贵阳等地区开展集成分布式可再生能源的主动配电网示范，试点应用智能配电网自愈控制技术。开展移动式变电站、移动式储能系统研究示范、电缆隧道机器人巡视等。建设云南怒江州独龙江、珠海万山群岛、三沙永兴岛等微网。

案例1

　　万山海岛微网及联网示范项目在广东珠海市万山区桂山、东澳、大万山等三个海岛分别构建含风、光、柴、储等多种能源的海岛智能微电网，统筹利用海岛风电、光伏发电、抽水蓄能、电池储能等分布式能源，以及海水淡化、谷电制冰等综合能源措施。项目通过海底电缆与大电网联网，在联网电缆故障或检修时，海岛智能微电网以孤岛方式运行，独立保障岛内重要负荷的供电。

案例2

　　独龙江智能微电网项目，总体架构如图3-9所示。怒江州独龙江乡开展以小水电为电源主体的智能微电网建设，包括发电、输电、配电、用电一体化微网综合控制系统1套，2座装机容量1600kW的全控智能小水电站，20kV配电线路78km，柱上智能开关15台，智能配电变压器监测及用电终端47套。该项目解决了独龙江乡1130户4260独龙族村民的供电问题，提升了独龙江乡的供电质量，为云南偏远地区开展微网建设起到了较好的示范作用。

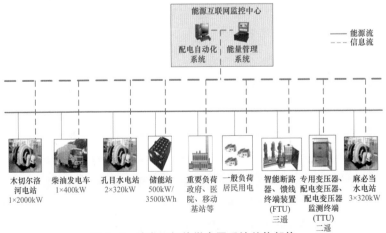

图3-9　独龙江智能微电网系统总体架构

满足多样化用电需求方面，在佛山开展了智能配电网自愈控制技术研究及示范应用综合试点，在广西开展灵活互动的智能用电体系建设。

案例3

智能配电网自愈控制技术研究及示范应用项目位于佛山金融高新区，自愈控制主站系统共接入示范区内 4 座 110kV 及以上变电站，涵盖 23 条 10kV 配电线路、89 个配电房，同时接入了 5 个分布式电源。示范工程自 2014 年 1 月投入试运行以来，自愈控制保护测控一体化终端和自愈控制系统运行稳定可靠，实现了智能配电网的"自我感知、自我诊断、自我决策、自我恢复"。

案例4

灵活互动的智能用电关键技术研究示范项目在广西南宁市住宅小区、水泥企业生产厂区和供电局办公区分别开展，建设了覆盖 10 000 户居民用户、40 户工业用户和 40 户商业用户的智能用电高级量测系统和智能用电双向互动平台建设，实现电力用户与供电系统的信息交互、智能家庭能效评测、客户用电优化调度、节能潜力优化分析、充放电与储能接入管理以及分布式电源接入管理等功能建设。

在促进新能源和分布式能源发展方面，实施佛山兆瓦级分布式燃气轮机、广州超级计算中心分布式能源等项目，深圳建成国内首个兆瓦级电池储能电站，开展大规模间歇式新能源消纳示范。

2. 国家电网公司

国家电网公司于 2009 年 5 月提出了立足自主创新，加快建设特高压电网为骨干网架，各级电网协调发展，具有信息化、自动化、互动化特征的统一的坚强智能电网的发展目标，力图打造坚强可靠、经济高效、清洁环保、透明开放、友好互动的现代电网。在其计划中，2009～2010 年为规划试点阶段，

2011～2015年为全面建设阶段，2016～2020年为引领提升阶段。

特高压电网建设方面：建成世界上首个投入商业运行的1000kV特高压交流输变电试验示范工程。

输电设备运行监测方面：设备在线监测技术应用广泛开展并完成省公司主站系统建设，初步建立状态监测系统标准体系和状态监测装置入网检测实验室。直升机巡检范围涵盖22个省（市、区），覆盖特高压交直流线路、750kV线路、±660kV以及省网重点500kV交直流联络线路等。

智能变电站推广建设方面：2009年开始启动两批智能变电站试点工程建设，涉及24个网、省、直辖市公司，覆盖66～750kV不同电压等级。2011年，智能变电站进入全面建设阶段，初步实现了全站信息数字化、通信平台网络化、信息共享标准化、高级应用互动化，提升了变电站运行维护水平和安全可靠性。目前正在开展新一代智能变电站试点项目建设。

配电自动化建设方面：配电自动化水平逐步提高，配电网分析与仿真、可靠性优化规划、自愈控制、农网智能化等技术研究取得较为显著的成果。重点城市市区用户平均故障停电时间降至52min以内，非重点城市核心区用户平均故障停电时间降至3h。

信息化平台建设方面：建成横向集成、纵向贯通的一体化企业级信息平台；建成统一的电网GIS空间信息服务平台、视频监控平台、移动作业平台等，实现电网资源的结构化管理和可视化展现，为网省数据的业务应用横向调用、总部与网省之间纵向互通提供统一平台支撑。全部完成27个省级用电信息采集系统主站建设。2016年，国家电网公司实现新装智能电能表6058万只，集用户达到37 758万户，总采集覆盖率达到95.5%。完成95598智能互动服务网站总部统一建设和一体化缴费平台建设，建立了完善的节能服务体系，全面推进需求侧管理。

电动汽车充换电网络建设方面：截至2016年，国家电网公司已建成"四纵两横一环"高速公路快充网络，京津冀鲁、长三角地区和其他重点城市公共快充网络，累计已建成充换站1537座，充电桩2.96万个，具备为35万电动汽车服务的能力，基本实现经营区域内重要城市充电设施的互联互通。已建设运营车联网平台、易充电系统、电动汽车专车租赁和分时租赁、e行系统、充电设施增值服务、车联网平台增值服务等。

大规模可再生能源接纳方面：建立了风电接入电网仿真分析平台，开展了大容量电化学储能等前沿课题基础性研究工作。大规模风电/光伏发电功率预测及运行控制等关键技术取得突破，研发了风电功率预测系统，建立了风电研究检测中心和太阳能发电研究检测中心，建成了世界上规模最大的张北风光储输联合示范工程，完成了大规模风电功率预测及运行控制系统的全面推广建设。

案例1

中新天津生态城智能电网综合示范工程。如图 3-10 所示，工程规划面积 34.2km², 居住人口 35 万人，可再生能源利用比例不小于 20%，绿色建筑及绿色出行比例均为 100%。目前已实现兆瓦级别区域微网群，分布式光伏发电渗透率大于 15%，供电可靠性达 99.999%；834 户家庭应用需求响应终端，6234 户（>50%）家庭开展智能用电互动，推动建设自动需求响应；智能电能表覆盖率达 100%，100 户安装家庭能源中心，11 户安装即插即用光伏发电装置，建设了 3 个智慧家庭样板间，初步实现智能家居；构建基于能源大数据的能源信息服务平台，为当地政府、企业居民和电力公司提供节能减排、用能策略等智慧公共服务。

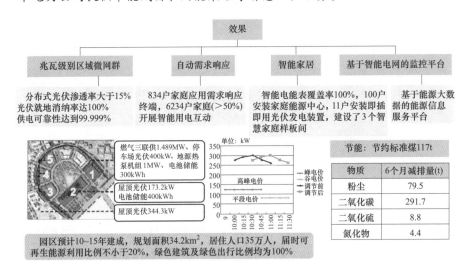

图 3-10 中新天津生态城智能电网综合示范工程

案例2

　　"互联网+"智慧能源国家示范项目。国家电网公司开展"互联网+"智慧能源项目示范，共有7个项目进入国家"互联网+"智慧能源示范项目名单，分别是浙江嘉兴城市能源互联网综合试点示范项目、四川成都天府新区能源互联网示范项目、山西科创城能源互联网综合试点示范项目（一期）、上海国际旅游度假区"互联网+"智慧能源（能源互联网）工程、江苏大规模"源—网—荷"友好互动系统示范工程、甘肃基于多种能源的电力实时交易平台试点项目、辽宁基于省级电网企业全业务数据中心的能源互联网智慧用能示范。

案例3

　　智能配电网示范项目。为促进配电网与互联网、信息等新技术的融合，适应分布式电源和多元负荷接入，促进绿色能源消费，国家电网公司开展了7个智能配电网示范项目建设，分别是苏州工业园区智能电网应用示范区（见图3-11）、北京主动配电网示范工程、安徽六安市金寨县分布

苏州主动配电网综合示范工程将分别在2.5产业园、苏虹路工业区、环金鸡湖区域这3个区域开展示范建设，项目重点围绕以下5个方面开展：

1. 基于柔性直流互联的交直流混合主动配电网技术应用示范工程

2. 基于"即插即用"技术的主动配电网规划应用示范工程

3. 适应主动配电网的"网—源—荷（储）"协调控制技术应用示范工程

4. 苏州工业园区高电能质量配电网应用示范工程

5. 苏州工业园区高可靠性配电网应用示范工程

通过示范工程建设，实现苏州工业园区主动配电网的六个主动，即电网侧的主动规划、主动管理、主动控制与主动服务，以及用户侧的主动响应和分布式新能源发电侧的主动参与

图3-11　苏州工业园区主动配电网应用示范工程

式电源与多元化负荷高效接纳综合示范工程、杭州江东新城智能柔性直流配电网示范工程、辽宁锦州新能源示范城市主动配电网示范工程、山东长岛智能微网群协调控制技术研究示范工程（见图3-12）、上饶经济开发区分布式电源及多元负荷主动配电网高效供电示范工程。

图3-12　国网山东长岛智能微网群示范项目示意

案例4

　　江苏省需求侧响应实例。2016年7月26日，电网调度负荷达到历史新高9244万kW，较2015年高9%，为缓解电网运行压力，江苏省启动了2016年首次全省范围的电力需求响应，经初步统计，约定响应负荷331万kW，实时响应负荷21.39万kW，实际响应负荷达到352万kW，有效降低电网峰谷差18.47%，参与用户达到3154户，圆满实现响应目标。

　　从上述国内外智能电网的发展情况可以看出，由于不同国家地区的国情不同，所处的发展阶段和资源分布不同，各国的智能电网在发展步骤及重点上有明显的区别。美国发展智能电网重点在配电和用电侧，加大现有网络基础设施投入，积极推动可再生能源发展，注重商业模式的创新和用户服务的提升；欧洲主要侧重于解决可再生能源的接入，尤其是大规模新能源的消纳、分布式能源的并网，以及需求侧管理等问题；德国主要侧重于高占比的可再生能源和信息通信技术与能源的深度融合；北欧智能电网侧重于电网的互联互通和多种能源的优势互补；日本主要侧重于研究分布式光伏发电和风能发电的大规模并网问题，解决自身资源匮乏的问题；我国智能电网在强调配电侧和用户侧的智能化提升的同时，也注重发输变系统的智能化建设。

第三节　智能电网与能源互联网

一、"互联网+"智慧能源（能源互联网）

近年来，能源互联网的概念方兴未艾。该概念由经济学家杰里米·里夫金在其著作《第三次工业革命》中提出，旨在通过互联网技术与可再生能源相融合，将全球的电力网变为能源共享网络，使亿万人能够在家中、办公室、工厂生产可再生能源并与他人分享。这个共享网络的工作原理类似于互联网，分散型可再生能源可以跨越国界自由流动，正如信息在互联网上自由流动一样，每个自行发电者都将成为遍布整个大陆的、没有界限的绿色电力网络中的节点。

在应对全球气候变化和防治大气污染、建设生态文明的大背景下，以能源革命为导向的能源体系转型已成为我国能源政策的重要内容。在全球新一轮科技革命和产业变革中，互联网理念、先进信息技术与能源产业深度融合，正在推动能源互联网新技术、新模式和新业态的兴起。国家"十三五"规划纲要提出建设清洁低碳、安全高效的现代能源体系，积极构建智慧能源系统。2015年，国务院印发《关于积极推进"互联网+"行动的指导意见》，推动互联网由消费领域向生产领域拓展，加速提升产业发展水平，增强各行业创新能力。为推进互联网技术在能源领域的应用，国家发展改革委发布《关于推进"互联网+"智慧能源发展的指导意见》，其中提出："互联网+"智慧能源是一种互联网与能源生产、传输、存储、消费以及能源市场深度融合的能源产业发展新形态，具有设备智能、多能协同、信息对称、供需分散、系统扁平、交易开放等主要特征。文中以"能源互联网"作为"互联网+"智慧能源的简称。

二、能源互联网与信息互联网

由于能源与信息技术的差异性，能源互联网的构想在目前的技术条件下存在一定的限制。针对人们对能源互联网理念的诸多质疑，杰里米·里夫金对其理论进行了解释。他主要是从哲学和经济学层面提出对能源互联网的思考，能源互联网不是一种新的能源技术模式或体系，而只是一种新能源经济思想。这种新能源经济思想的本质在于强调如下几个方面：

（1）新能源革命必将取代化石能源。

（2）能源的生产和消费方式将融入互联网理念和现代信息技术，迎来能源绿色化、分散化、多元化、民主化的新时代。

（3）集中、垂直、单向的传统电网将向分散、扁平和双向互动的新型电网转型。

（4）能源的绿色化需要采用智能化手段协调控制各类能源的开发和利用。

（5）分布式能源生产方式和能源民主化将成为第三次工业革命和新经济的重要支柱。

作者认为能源互联网是将互联网技术、理念和思维模式与能源生产、传输、存储、消费以及市场领域深度融合的更为泛化的表达形式，其发展模式可概括为三种：① 用互联网的理念发展能源网；② 用互联网的技术促进能源网的发展；③ 能源网解耦，实现完全的开放、自治、互联，如图 3-13 所示。

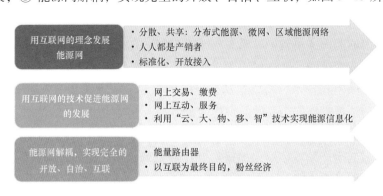

图 3-13　能源互联网的三种发展模式

但是，能源互联网与信息互联网在本质上仍有较大的差异，主要表现在以下方面：

（1）信息互联网侧重于分享，而能源互联网侧重于消费。

（2）信息互联网的单位生产和复制的边际成本非常低且可再生，而能源互联网的单位生产成本高、复制困难、不可再生。

（3）信息互联网的单位存储成本非常低，而能源互联网的单位存储成本非常高。

（4）信息互联网可通过 IP 地址进行寻址，可路由，而能源互联网在现有技术条件下潮流控制困难。

（5）信息互联网的单位传输成本非常低，而能源互联网的单位传输成本非常高。

（6）信息互联网的需求增长是指数级的，而能源互联网的需求增长是线性的。

因此，真正意义上自主、自治、互联、完全解耦的能源互联网，需要新能源生产、储能、电力电子、超导传输等技术有突破性进展才可能实现。

能源互联网近期发展重点还在于应用互联网理念和技术，促进分布式电源、微网、区域能源网络的发展，创新市场机制，构建信息交互平台，为能源体制松绑。

三、智能电网、智慧能源与能源互联网

智能电网是面向未来的电网，它以电为核心研究未来能源的发展，包括能源的清洁化、高效利用，注重提升电网的灵活性、适应性、柔性化，提升接纳多种能源和多元用户的能力，实现能源的清洁高效，提升可再生能源的比例。

智慧能源是面向未来的能源网，它以多种能源的利用和综合能源供应为核心，研究未来能源的发展。智慧能源来源于智慧城市的发展体系，强调多能互补，注重各能源系统的信息化及各系统见的协同优化运行。

能源互联网是应用互联网理念、技术发展能源网，促进能源网的开放、互联和共享，实现，推动能源系统扁平化，提升能源系统整体效率及运行水平。能源互联网技术的广泛应用，是实现现代能源体系的重要手段。

所以，智能电网、智慧能源与能源互联网三者的目标是一致的，只是表述上各有侧重，但智能电网一直处于核心地位。

第四节　智能电网——能源转型的关键和核心

一、智能电网贯穿于电力系统各个环节

智能电网贯穿于电力系统发电、输变电、配电、用电各个环节（见图3-14），通过构筑开放、多元、互动、高效的能源供给和服务平台，实现电力生产、输送、消费各环节的信息流、能量流及业务流的贯通。通过对电网的柔性化、灵活性改造，服务发电侧主动响应系统运行需求、负荷侧主动参与系统调节，综合调配能源的生产和消费，满足可再生能源的规模开发和用户多元化的用电需求，促进电力系统整体高效协调运行。

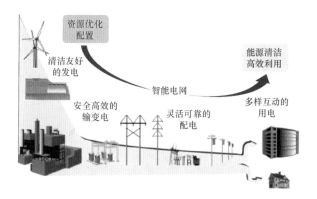

图3-14　智能电网贯穿于电力系统的各个环节

二、智能电网是推动能源革命的重要手段

能源革命的实质在于能源的高效利用和绿色低碳。智能电网作为电力系统的发展方向和能源体系中的重要一环，在能源革命中发挥着关键的推动作用，如图3-15所示。

（1）助力能源消费革命。智能电网通过广泛开展需求侧响应，提供多样互动的用电服务，促进分布式能源发展，提高终端能源利用效率，使能源消费从单一的、被动的、通用化的向融合多种需求和服务的、主动参与的、定制化的高效模式转变。

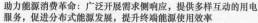
助力能源消费革命：广泛开展需求侧响应，提供多样互动的用电服务，促进分布式能源发展，提升终端能源使用效率

助力能源供给革命：提升电网优化配置多种能源的能力，实现能源生产和消费的综合调配，满足大规模可再生能源开发，保障能源供给安全和可持续发展

推动能源技术革命：促进新能源、储能、电力电子、通信信息、大数据应用等核心产业发展，带动上下游产业转型升级，全面提升我国能源科技和装备水平

推动能源体制革命：建立多元互动能量流通平台，还原能源商品属性，构建有效竞争的市场体系和开放共享的能源创新机制

图 3-15　智能电网是能源革命的关键环节

（2）助力能源供给革命。智能电网满足大规模可再生能源开发和分布式能源广泛利用的需要，建立多元供应体系，提升资源优化配置能力和安全可靠运行水平，保障能源供给安全和可持续发展。使能源供给从集中的、大规模的、以传统化石能源为主的向分布式能源、新能源成为主要能源之一的低碳模式转变。

（3）推动能源技术革命。智能电网通过促进新能源、储能、电力电子设备、通信信息等核心产业研发部署，推动高比例可再生能源电网运行控制、主动配电网、能源综合利用系统、大数据应用等关键技术突破，带动上下游产业转型升级，全面提升能源科技和装备水平。

（4）推动能源体制革命。智能电网建立多元互动能量流通平台，还原能源的商品属性，构建有效竞争的市场体系和开放共享的能源创新机制，使能源体制从垂直一体的垄断机制向开放共享的市场机制转变。推动中长期能量市场、现货市场、辅助服务市场等市场机制的逐步建立，更好地发挥市场配置资源的决定性作用，促进能源的高效利用和资源的优化配置。

三、智能电网是现代能源体系的核心

智能电网具有高度信息化、自动化、互动化等特征，能够提高电网接纳和优化配置多种能源的能力，满足可再生能源、分布式能源发展，促进化石能源清洁高效利用和开放共享的能源体制机制建立，符合能源发展趋势要求。

（1）电力是可再生能源最为便捷高效的利用方式。为有效应对全球气候变化、实现能源的可持续发展，可再生能源将逐步成为未来主要的一次能源。风、光等可再生能源能量密度低、资源分散，具有波动性和间歇性，转化为高品位的电能是其最为便捷高效的利用方式。电力在未来清洁低碳能源体系中的占比将大幅度提升。

（2）电力是终端能源消费清洁化的重要途径。大气污染防治和碳减排目标的实现，在要求电力生产清洁化的同时，也依赖于交通、供热（冷）等领域尽量减少化石能源消费。电动汽车、电供暖（冷）、港口岸电等将在终端实现清洁电力对化石能源直接利用的替代，从而实现终端能源消费清洁化，并推动电能占终端能源消费比重的不断上升。

（3）电力是多能互补能源系统的核心。热、电等多种能源的互补运行，将为能源系统提供更多的灵活性和更高的利用效率。智能电网统筹冷、热、电、气等用能需求，发挥风能、太阳能、水能、煤炭、天然气等资源组合优势，提高能源综合利用效率，是多能互补能源系统的核心。

（4）智能电网是现代能源体的核心。如图 3-16 所示，智能电网以电为核心研究未来能源的发展，通过提升电网的柔性化，加强"源—网—荷—储"的高效互动，提高系统运行的灵活性和适应性，满足新能源开发和多样互动用电需求。智慧能源以多种能源的利用和综合能源供应为核心推动能源的发展，促进能源间的多能互补和协同优化，是智慧城市发展体系的重要组成部分。能源互联网将互联网技术、理念与能源生产、传输、存储、消费以及市场领域深度融合，创新能源发展方式，促进能源系统扁平化，提升能源系统整体效率及

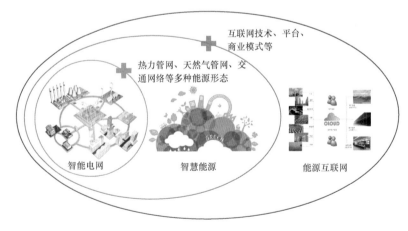

图 3-16　智能电网与智慧能源、能源互联网的关系

运行水平。三者的侧重点有所不同，但智能电网通过互联网的理念把区域能源系统连起来，通过电力来实现多能互补能源网的互联互动，处于现代能源体系的核心地位。

国家"十三五"规划纲要提出建设清洁低碳、安全高效的现代能源体系，积极构建智慧能源系统。以智能电网为核心，以智慧能源为途径，以"互联网+"应用为手段，推进能源与信息的深度融合，加强能源互联，促进集中与分布协同、供需双向互动、多种能源优化互补，推动建设"源—网—荷—储"协调发展、集成互补的智慧能源系统，支撑现代能源体系的发展。

现代能源体系中智能电网发挥着关键作用，智能电网技术在能源行业各个领域均将有广泛应用。电能将成为能源利用的主要途径，电力在能源体系中的核心作用将得到进一步强化，智能电网技术是提高能源利用效率的关键手段，主动配电网、微电网、需求侧响应、虚拟电厂等智能电网相关技术将得到极大推广，涵盖可再生能源、传统能源、输电、配电、分布式电源等领域，在整个能源行业发挥关键的支撑作用，如图3-17所示。

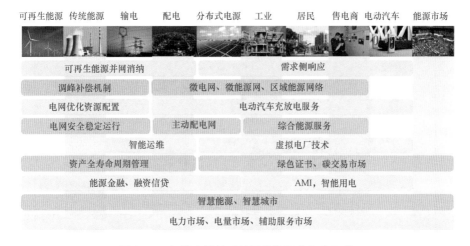

图3-17　智能电网技术涉及能源行业各个环节

四、智能电网是支撑社会发展的基石

自工业革命以来，工业化和城镇化成为人类社会发展的两条主旋律。工业化为经济发展提供动力，城镇化为工业化发展提供载体和平台。电气化是工业化和城镇化的重要基础和标志。随着我国工业化发展进入中后期，并不断加速进入信息化阶段，电力供应和保障也面临新的挑战，电力行业发展的重点由保障用电增长转向支撑清洁、高效、多元、互动的用能需求。以绿色、低碳、高效的智能电网为支撑，城市才能获得可持续的发展。

　　智能电网是建设智慧城市体系的核心。智能电网起步早于智慧城市，在信息通信、自动控制、能源管理等方面取得良好效果，鉴于供电系统与居民生活密切结合，注定了智能电网将成为城市智能化建设的关键技术，是未来城市发展的核心推动力。在智慧城市发展中，智能电网通过广泛覆盖的基础设施和对信息网络的全面感知进行数据传送和整合应用，为政府、企业提供智慧化、智能化的服务，同时保障了城市基础能源——电能的供应，逐渐形成以能源为基础资源，保障城市智能化发展；信息为基本因素，推动城市智能化进程的发展模式。以电力的智能化应用为基础，延伸到智慧能源、智慧交通、智慧建筑、智能家居、智慧公共服务等各个领域（见图3-18），共同构筑起智慧城市的核心基础设施领域，并通过促进基础设施的智能化、优化协调运行，实现对能源的高效管理，是实现城市绿色、宜居、高效、可持续发展的关键。

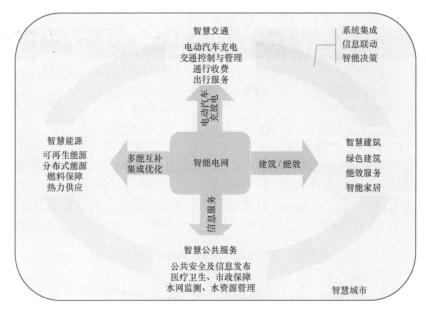

图 3-18　智能电网与智慧城市的关系

　　智能电网服务社会经济的各个方面（见图3-19），智能电网的发展将带动社会共同发展。电网与信息通信行业的深度融合与合作，在推动智能电网发展的同时，也促进了能源资源高效利用，降低各行业用能成本；用能成本的降低反过来会进一步促进信息通信行业的发展，形成行业发展良性循环，从而带动交通、建筑、农业等其他行业的同步发展。同时，以智能电网为核心，以智慧能源为途径，以"互联网+"的深化应用为手段，构建起面向未来的能源发展体系，延伸到农林牧渔、能源化工、工业制造、交通运输、建筑家居、社会服务等社会经济发展的基础领域，共同构建支撑社会经济发展的核心基础设施。基础设施的智能化、优化协调运行，为社会绿色、高效、可持续发展提供重要保障。

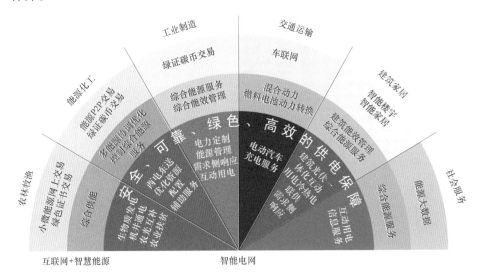

图 3-19　智能电网支撑社会发展

智能电网是智慧城市建设和社会发展的关键基础，坚持以电为核心，促进多元化发展，是实现能源可持续发展的必由之路，是支撑社会发展的基石。

第四章

智能电网架构和建设

第一节　智能电网现阶段发展基础

发展智能电网是世界范围内能源转型和经济发展的必然要求。自智能电网概念提出以来，智能电网被各国视为推动能源转型和经济发展的重要驱动力，在世界范围内得到了较大的关注，并开展了大量的研究和应用，为智能电网的后续发展奠定了坚实的基础。

一、新能源、分布式能源并网量快速增加

随着能源、环境压力的不断增加和新能源、分布式能源技术的不断进步，以风、光为代表的新能源、分布式能源得到了大规模的开发利用。我国已经成为全球新能源装机最大的国家，截至 2016 年上半年，我国风电累计并网容量达到 1.37 亿 kW，光伏发电机组装机容量超过 7400 万 kW。在世界范围内，截至 2015 年，新能源发电量占全球总发电量的比例已达到 7.3%，年发电量同比增速达到 18.1%，增速远高于整体发电量增速。

新能源、分布式能源的大规模、快速的发展，在优化了能源供给结构的同时，也对电网提出了更高的要求。新能源、分布式能源有别于水电、火电、核电等传统能源，其出力的随机性、波动性特点增加了电力系统稳定运行和有效控制的难度。针对这一情况，近些年来电力系统提出了多种措施，以满足新能源、分布式能源的大规模接入需求。

1. 多能源互补发电

不同能源类型的运行和出力特性不尽相同，合理利用不同类型能源特性，取长补短，实现各类型能源的互补调剂运行，对满足电力负荷需求，保障电网安全稳定运行，促进一次能源的有效利用，特别是风能、太阳能等间歇性新能源的消纳，具有重要意义。我国积极推动多能互补项目建设。2016 年，国家能源局发布了《关于推进多能互补集成优化示范工程建设的实施意见》，推动面向终端和大型综合能源基地两种多能互补示范工程的建设，以提高能源供需协调能力，推动能源清洁生产和就近消纳，减少弃风、弃光、弃水限电，促进可再生能源消纳。

2. 火电机组灵活性改造

风电、光伏发电等新能源的快速发展，所占电源装机比例逐渐提高，正在逐步改变能源的供给结构。煤电等化石能源机组在电力系统中的作用和地位也将逐步发生改变，以煤电等化石能源为主的能源供给体系正在受到越来越强的挑战。为提升新能源的消纳能力，对煤电等化石能源机组进行灵活性改造，增加系统调峰电源和调峰能力，是以煤电为主的能源体系的最为现实的调峰方案选择。我国目前煤电机组容量较大，但灵活性相对不足，在深度调峰、爬坡速度、启停时间等主要性能上与德国、丹麦等国家相比还有较大的提升空间。因此，为提高系统调峰和新能源消纳能力，2016 年 6 月国家能源局启动了提升火电灵活性改造试点项目。目前，两批试点项目共 22 个，机组 46 台，装机容量 1818 万 kW，试点机组以热电机组为主、以东北地区机组为主，用于解决北方可再生能源消纳问题，促进能源清洁高效利用。

3. "源—网—荷"友好互动

受电力不可大规模存储等特性的限制，电能在生产传输利用过程中需要保持功率供需的大致平衡。同时，为了满足大规模随机性、波动性的新能源接入，也需要增强电网实时功率动态平衡和安全稳定运行能力。这些因素决定了电源、电网、负荷在运行过程中需要进行灵活、高效的互动。"源—网—荷"互动是指电源、负荷、电网三者间通过多种交互形式，实现更加安全、经济、高效的电能传输利用形式，提高电力系统功率动态平衡能力。通过"源—网—荷"友好互动能够应对电力、能源的结构性变化，实现大规模可再生能源并网后的良性互动和各种资源的综合高效优化利用。目前我国已在江苏、上海等地开展了"源—网—荷"互动的相关试点工作。为促进华东地区电网的灵活性建设，提高电网应对电网故障等紧急情况的能力，2016 年 6 月，苏州大规模"源—网—荷"友好互动系统投运，苏州地区 217 个变电站、724 个用户实现了可中断负荷秒级、毫秒级实时控制能力，是我国首套大规模"源—网—荷"友好互动系统。该系统的投运将大电网的事故应急处理时间从原先的分钟级提升至毫秒级，可显著增强大电网严重故障情况下的弹性承受能力和弹性恢复能力，大幅提升电网消纳可再生能源和充电负荷的弹性互动能力。

从总体上来看，虽然针对新能源、分布式能源的大规模并网问题采取了多项手段，然而迅猛发展的新能源和分布式能源仍然遭遇电力系统发展滞后的瓶颈限制。一方面表现在新能源的规划与电网的规划脱节，大量新能源和分布式能源电力无法有效消纳，电网的安全可靠运行能力、灵活调节能力等都需要进一步的提升；另一方面表现在新能源与其他电源的发展相对独立，不仅缺乏电源间的统筹协调开发和运行机制，还存在相互之间的市场竞争和冲突，导致新能源运行所需的调峰能力无法得到保障。

二、智能输变电系统发展迅速

输变电系统是实现电能安全稳定传输的重要通道，是连接电源和负荷的重要纽带。现代经济社会的发展对电能的需求量越来越大，2016 年我国全社会用电量约为 5.9 万亿 kWh，同比增长 5%；根据国际能源署（IEA）最新资料显示，截至 2014 年底，全球电力需求量已经达到 10 771TWh，比 2013 增加了0.9%。面对电能需求的不断增长和能源资源压力不断加大的现实情况，建设安全、高效输变电系统成为电力系统发展的必然选择。

为推动更加安全、高效的输变电系统建设，促进电能的充分流通，实现电能的经济高效传输和全局优化配置，确保电能的安全可靠供应，在我国和世界范围内开展了众多输变电系统研究工作，使输变电系统智能化水平得到了有效提升。

1. 智能变电站

变电站是电网中重要的参量采集点和管控执行点，智能变电站建设是智能电网建设的基础。2006 年，我国建设了以应用 IEC 61850 标准和电子互感器为特征的"数字化变电站"；2009 年，开展了两批智能变电站试点工程，标志着我国进入了智能变电站阶段；2013 年，启动 6 座以"一体化设备、一体化网络、一体化系统"为特点的新一代智能变电站建设，代表了我国智能变电站的最新水平。现阶段，我国的智能变电站以设备集成化、采集数字化、传输网络化、分析智能化为特征，开展了模块化二次设备、AIS 变电站、GIS 变电站、装配式构筑物等智能变电站方面的研究和建设，智能变电站整体技术，尤其是统一全站信息规范、与电网协同互动、设备集成创新等方面均处于国际领先地位。

2. 特高压输电、柔性直流输电

特高压输电技术、柔性直流输电技术能够实现电网在更大范围内的互联互通，实现区域电网之间的互补调剂，增强电网的调控能力和运行灵活性，实现电能在更大容量、更大范围的安全高效传输利用，是目前输电系统研究和建设的重要内容。我国开展了大量关于特高压和柔性直流输电的技术研究与应用。2004年以来，我国在特高压交流输电技术理论研究、技术攻关、设计制造、工程建设等多方面开展了大量工作，并于2009年实现我国首条特高压示范工程——湖北荆门至山西长治交流1000kV特高压输电线路投产运行，实现了华北、华中电网的区域互联和互补调剂，后续又开展了多条特高压输电工程建设。2016年，南方电网公司"十三五"国家重点研发计划"高压大容量柔性直流输电关键技术研究与工程示范应用"项目通过了国家工业和信息化部组织的专家评审，该项目将突破特高压、大容量、远距离、架空线、混合直流输电技术，代表了未来直流输电发展方向，推动传统电网结构实现升级。目前，国家电网公司正在进行世界首个±500kV直流电网——张北柔性直流电网示范工程的设计建设工作，实现500kV直流断路器等关键设备技术的示范应用，预计2018年正式投运，届时将通过柔直实现与京津冀电网互联，扩大可再生能源的消纳范围，促进可再生能源消纳。

3. 智能调度和控制

电力系统的安全稳定运行离不开智能的调度与控制系统。我国各大电网公司均积极推动智能调度和控制系统建设。2016年，华北、华东、华中、东北、西北、西南6个区域调度分中心及北京、冀北、江苏、湖北等27个省一级调度中心已基本建成智能电网调度控制系统。南方五省区持续推进一体化电网运行智能系统（OS2）建设，已完成OS2技术标准体系、关键技术攻关和试点建设工作。

智能输变电系统建设使电网的监测、感知、控制能力进一步增强，对电能的有效消纳和统一调配能力不断增强，输变电系统正逐步从传统水、火为主的送电模式转变为水电、火电、大规模风电和太阳能电力并重的送电模式，并通过与分布式电源、储能装置、能源综合利用系统有机融合，使电网逐步向着灵活、高效的智能能源网络的方向发展。然而，虽然输变电领域取得了长足的进展，但仍面临智能变电站运行可靠性有待提升、电网自愈能力较低、新能源调控能力不足、数据平台分散等问题，输变电系统的智能化水平有待进一步提高。

三、配电网智能化建设逐步深入

配电网是国民经济和社会发展的重要公共基础设施，是将电能从电源输送至用户端的重要环节，是满足用户供电需求的直接因素。配电系统的安全可靠程度直接影响用户的用电体验，配电网智能化建设是智能电网建设的重要组成部分。随着对供电质量和可靠性要求的不断提高，国内外针对配电网智能化开展了相关研究工作，配电网智能化的建设也正逐步深入开展。

1. 配电网自动化

配电自动化用于实现配电网运行实时监测、远方设备遥控操作、调度作业管理、变电站集中监控、电网分析与预警、自愈控制、资产管理等主要功能，其主要特点是支持分布式电源、微网及储能装置的大量接入，深度渗透，实现配电网在线监视和故障自愈，提高供电电能质量，满足用户参与电网互动的需求。国外发达国家配电网自动化发展速度快，运行效果较好：日本全国有 60% 的配电网线路实现了馈线自动化覆盖，部分地区甚至达到了 80%；新加坡配电自动化系统覆盖了中低压配电网，使得用户年停电时间大为缩短。为了提高供电可靠性和供电质量，我国也开展了配电自动化系统实施工作，目前已在天津等 64 个城市核心区开展了配电自动化系统建设，有效提升了配电网供电可靠性和智能化水平。

2. 主动配电网

2008 年国际大电网会议提出了"主动配电网"的概念：可以综合控制分布式能源的配电网，可以使用灵活的网络结构实现潮流的有效管理。国内密切跟踪主动配电网技术前沿，积极进行试点示范工程建设。2012 年我国开展了 863 项目"主动配电网的间歇式能源消纳及优化技术研究与应用研究"，并在广东电网进行了示范；2014 年，"多源协同的主动配电网运行关键技术研究及示范"获得 863 项目立项，在佛山、北京、贵阳、厦门进行了示范；2015 年，国家电网公司启动了苏州工业园区智能电网应用示范区主动配电网综合示范工程建设。

3. 微电网

微电网是将分布式电源、负荷、储能装置、电力电子设备及监控保护装置等有机结合在一起的小型发配电系统，是分布式电源有效的利用方式之一。利用微电网的形式将分布式电源接入配电网，将促进分布式发电技术的发展，对电网的性能具有较大改善，包括减少输配电损失，提高输配电容量，便于提高电压等级及电能质量。日本在微电网工程建设这一方面处于世界前列，还专门成立了新能源与工业技术发展组织，统筹对新能源和其应用的研究。为了紧跟国际微电网的研究潮流，我国的微电网在 2004 年左右开始逐渐发展起来。2011 年，国家电网公司建成国内首个智能微电网系统项目——中新天津生态城系统，首次实现了智能楼宇和微电网系统的数据交换，同时，实现了配电自动化系统和微电网系统的互联互通。2013 年，南方电网公司三沙市 500kW 独立光伏智能微电网项目建成投入运行，基本形成"智能、高效、可靠、绿色"的岛屿型多能互补微型电网，为岛上军民提供更为可靠的可再生清洁能源保障。2015 年，国家能源局开展了新能源微电网示范项目建设工作，探索建立容纳高比例波动性可再生能源电力的发、输（配）、储、用一体化的局域电力系统。

目前，我国针对配电网的改造升级工作正在逐步开展，部分地区的配电网水平得到了有效提升，但是受制于体制机制等因素的制约，电网发展重点仍然延续了多年以来注重发输电及电网建设的思路，对配电网的发展、能源效率、用能方式等方面关注不够。后续在配电网智能化升级改造、主动配电网的推广建设等方面的工作仍需要继续推进。

四、智能用电系统建设拉开序幕

以电动汽车为代表的多元负荷的出现，以及节约、绿色、高效用能理念的不断普及，导致传统的用电模式难以满足灵活多样、经济高效、开放互动的用电需求。同时，信息通信、互联网等技术的不断发展也为改造传统用电模式提供了发展理念和技术支撑等基础，使得国内外主要国家都在结合各自电网发展情况，开展了智能用电的研究和应用，拉开了智能用电系统建设的序幕。

1. 智能用电信息采集系统建设

智能电能表和用电信息采集系统是实现双向互动智能用电的基础与关键。智能电能表是实现电力用户与供电企业双向互动的必要媒介，大规模安装智能电能表是启动智能用电建设的第一步。最新数据显示，芬兰、意大利、瑞典一共安装了 4500 万个智能电能表。我国在用电信息采集和技术标准规范方面发展迅速，在国际上处于领先地位。截至 2016 年，国家电网公司所辖 26 个省市新装智能电能表 7476 万只，全部完成省级用电信息采集系统主站建设，累计实现 4.1 亿户用电信息自动采集，采集覆盖率达到 95%。南方五省区智能电能表覆盖率达到 81%，低压集抄覆盖率达到 39%。

2. 需求侧管理

从世界各国开展的各类需求侧响应项目的实施效果来看，需求侧响应是缓解系统短期容量短缺和推迟电网升级投资的有效方法，尤其是在竞争性电力市场中，它能够降低系统高峰期电价、减少电价波动风险、优化资源配置和保证市场稳定运行，有利于电力工业健康发展，有利于提高全社会经济效益和能源利用率。2012年美国东部引入容量市场后，2012～2013增加了11GW的需求侧资源，为消费者节约支出10亿美元以上；2015年，美国布鲁克林皇后区通过采用需求侧管理、分布式储能、光伏发电、微网等综合手段，满足了未来3年该地区的负荷增长需求，延缓了10亿美元的输变电投资规模。我国在需求侧响应方面也开展了相关工作，2014年上海市开展了需求响应的探索实践，共有50栋建筑参与了需求响应，全部建筑平均负荷削减达到10%，单体建筑最大负荷削减可达25%。

3. 电动汽车充放电、V2G

Vehicle-to-Grid（V2G）是将电动汽车作为电网中的分布式电源，在用电高峰时通过逆变技术向电网回馈能量，而在用电低谷时电网通过整流，对电动汽车充电，从而实现电网和电动汽车的能量互动，用于电网负荷的削峰填谷、旋转备用等，以提高电网供电灵活性、可靠性和能源利用效率。目前，国内外关于V2G的相关研究都还处于探索阶段。2007年，美国特拉华大学成功地将一辆电动汽车接入电网并接收调度命令，每车每年可为电力公司带来4000美元的效益；2010年，日产汽车公司与美国通用电气（GE）公司宣布共同研究利用电动汽车的蓄电池，推动V2G技术在智能电网中的运用。我国还没有制定出V2G建设的相关发展战略，但已经开展了相关研究探索。国家电网公司曾在上海世博会的国家电网场馆附近演示了电动汽车和充电插座之间可进行双向电力交换的V2G技术。

智能用电技术的发展将颠覆几十年来形成的传统用电方式，其基于互动的能源消费模式、用户主动参与的能源供给模式，将给能源利用和电网发展带来根本的变革。目前，智能用电体系的建设仍处于起步阶段，在激励政策、个性化、差异化服务以及信息通信体系建设方面仍需存在不足，亟须大力发展和推广。

五、能源服务模式不断丰富创新

随着新能源，特别是分布式能源的不断发展，传统的集中、单向的能源供给体制以及各类能源之间条块分割的机制壁垒，已经严重阻碍了能源的高效利用和能源结构的进一步优化调整。在这种背景下逐渐萌发了一些新的能源服务模式。

1. 分布式能源耦合系统

分布式能源耦合系统集成多种能量输入（如太阳能、风能、常规化石能源、生物质能）、多种产品输出（冷、热、电、洁净水和化工产品等）、多重能量转换单元（燃料电池、微型燃气轮机、内燃机等）耦合一体的复杂能量系统。它基于常规分布式能源技术耦合了环境势能、可再生能源、常规能源系统、新型区域综合能源规划、智能电网和智能通信控制技术等，从而更好地实现能源、环境和经济效益的统一。2005年，日本爱知世博会通过一套能量综合管理系统，对园区内所有的供能系统进行协调控制，在确保各分布式系统稳定运行的情况下，组成局部的能源综合供给网络，并与大电网实现互联。有效地实现了资源的优化配置和高效利用。此外，美国、欧洲等基于传统冷热电联供的成熟应用经验，近年来也加大了分布式能源耦合系统发展力度。目前，我国分布式能源耦合系统尚处于研究发展阶段，在北京、上海等地开展了多个分布式冷热电三联供示范项目。

2. 区域能源网络

区域能源网络从区域的层面对区域内的各种能源和需求进行整体优化和设计，达到区域内综合供能和综合用能的进一步优化，是分布式能源耦合系统的扩展和延伸。区域智能能源网络将形成生成、输送、转换、分配、使用、服务、价格、市场管理等不同能源网架间更高效率的交互配合与智能化的运转。智能能源网将水、电、燃气、热力等不同能源品种的网络有机整合，形成跨能源品种的一体化智能网络，代表了能源服务方式的未来。区域供热和供冷是丹麦建设高效能源系统的支柱。丹麦结合各地特点，在不同区域使用生物质能、风能等多种可再生能源来供热、供电；在结构设计上，系统的每个环节经过不断完善和优化，形成了一些行之有效的区域能源管理模式。实践证明，丹麦实行区域能源网络的发展模式可以节约约30%的能量，经济效应显著。

3. 综合能源服务

综合能源服务公司以天然气、电力等能源批发交易商的身份从管道供应商租用电网或燃气管道为客户供应电力、燃气等能源，为个人用户或企业提供不同的能源服务模式并收取相关费用。同时，综合能源服务公司负责包括分布式能源工程项目在内的工程融资、建设、营运、安全、计量、信息等系列服务。综合能源服务公司与传统售电公司相比，能源提供方式和服务更加多元化，同时能源服务公司成为能源实施项目的提供商和运营商，使其业务范畴更加多样。欧洲最先提出了综合能源服务的概念，目前已有上千家能源服务公司为用户提供综合能源服务。美国于 2001 年开展了综合能源服务的理论和技术研究，并在 2007 年开始综合能源服务的规划和实施工作。我国综合能源服务尚处于起步阶段，依托发电公司、电网公司、燃气公司等培育了部分综合能源服务商并开展了相关业务。

4. 能源大数据信息服务、城市大数据信息服务

用户的用电数据具有海量、高频、分散等特点，数据之间存在关联性和相似性，隐藏着用户的用电行为习惯，对这些用电数据进行挖掘并分析，一方面可向政府、相关产业机构提供精细化的用户用电数据，为其掌握当前社会经济发展水平和趋势、制定相关政策提供高效数据支撑，充分发挥"用电量数据是经济运行的风向标"作用；另一方面可以帮助电网了解用户的个性化、差异化服务需求，提供在移动互联时代客户多样化的需求，依托智能用电双向互动平台，不断延伸服务领域，提供能效分析、资讯查阅、产品广告、社区管理、金融营销等增值服务，拓展经营范围，提升电力服务的附加值和让渡价值，实现多方共赢。目前，我国能源大数据信息服务正处于起步阶段，已在石油、电力、新能源等行业开展了大数据信息服务的尝试，形成了良好的发展势头。

优秀的商业和能源服务模式是推动智能电网发展的重要因素。当前，电力行业的服务模式和市场化程度有待进一步开发，需进一步挖掘市场对智能电网发展的促进作用，通过创新商业运行模式、建立健全市场化运营机制、探索反应市场需求关系和电能品质的动态电价机制以及财政补贴、投资回报机制等方面的工作，推动能源服务模式的不断丰富创新。

第二节　智能电网的能力建设

随着经济发展进入新常态，增长速度换挡，产业结构调整加快，社会用电增速明显放缓。同时，大气污染防治力度加强，气候变化形势日益严峻，生态

与环保刚性约束进一步趋紧，加快能源结构调整的步伐，向清洁低碳、安全高效的方向转型升级迫在眉睫。此外，用能需求的多元多样要求改善供应方式，提高供给效率，增强系统运行灵活性和智能化水平。为全面增强电源与用户双向互动，提升电网互济能力，实现集中和分布式供应并举，传统能源和新能源发电协同，增强调峰能力建设，提升负荷侧响应水平，建设高效智能电力系统成为必然选择。

我国智能电网的能力建设应立足于能源及电力工业的现状，总结借鉴国内外智能电网实践、发展思路及工程经验，有序推进，加紧部署。本着统筹规划、创新发展、需求引导、有序推进的基本原则，着力于构建开放、多元、互动、高效的能源供给和服务平台，支撑集中与分布协同、多种能源融合、供需双向互动、高效灵活配置的现代能源供应体系的建设，实现各类能源的综合优化配置，提供绿色、高效、安全及多样化的能源服务。

在总结国内外智能电网发展重点和近期发展动态的基础上，本书作者结合自己对智能电网发展的思考，提出了智能电网的四个方面的能力建设，从系统灵活可靠、区域互补共济、能源高效利用、交易机制公平合理四个方面阐述电网智能化发展中需要着重考虑的能力建设内容。

一、建设灵活可靠的智能电网

新能源、可再生能源的大量接入电网，导致电源的随机性、波动性增强，对电力系统灵活性、可靠性提出了新的挑战和要求。智能电网需要加强以下方面的建设以应对以新能源、低碳为核心的能源转型和能源革命。

1. 加强建设调峰能力

（1）积极扩展调峰资源。挖掘火电机组、核电机组、自备电厂等电源调峰潜力，引导负荷侧资源以需求侧响应、虚拟电厂等多种形式参与系统调峰，拓展系统调峰资源。

（2）优化建设调峰电源。优化发展天然气调峰电站，有序建设抽水蓄能电站，推进大容量储能电站技术攻关和试点示范。

（3）推动市场化的调峰机制。推动政府建立适应可再生能源接入的市场化调峰机制，建立发电侧、负荷侧共同参与的竞争性辅助服务市场，促进可再生能源高效消纳。

2. 提高多种能源协调优化运行能力

改善电网调度运行机制，协调调度多种能源，适应可再生能源优化互补运行，提高可再生能源消纳比例。

3. 提升电力系统灵活性

利用交直流柔性技术，提高系统的潮流控制能力和适应性；利用分布式控制技术和自动感知技术，实现分布式电源的即插即用；利用多元协调、多能互补技术，提升系统的灵活性。

4. 增强电网各方互动能力

鼓励需求侧积极参与电网调度运行，用户可根据可再生能源出力情况合理用能，结合协调调控技术，实现"源—网—荷"高效互动，提高可再生能源消纳比例。

5. 增强分布式能源消纳能力

可再生能源大部分以分布式形式存在，如何高效消纳分布式能源也是可再生能源消纳需要解决的重要问题。应积极发展微电网、主动配电网、区域能源网络等技术，促进分布式可再生能源消纳。

6. 建立健全市场化运行机制

改革发电侧上网电价形成机制。优化确定新能源电价和传统能源电价，结合新能源补贴机制，促进新能源大规模消纳，实现发电侧合理的利益分配。改革用电侧上网电价形成机制。调整用电侧新能源电价，通过价格手段引导用户侧参与新能源建设，并利用市场手段促进需求侧响应的发展。

二、建设系统扁平、互补共济的智能电网

平等、自治、共享、开放的互联网理念，对能源发展模式有着深刻的影响，它强调可再生能源的开发利用应该以就地开发、就地平衡、自发自用、互补调剂为主，强调负荷的多元化和柔性化发展应更多地参与电网互动。为应对互联网理念的引入对能源发展的影响，智能电网需要加强以下方面的能力建设。

（一）区域内部电力平衡

区域内部建立微电网供电，其面临的挑战在于如何同时实现供给侧可再生能源的负荷消纳和消费侧日益增长的负荷需求。因此微电网的建立要综合考虑与内部各类负荷特性、负荷发展以及电力电量平衡，综合计算分析各类电源容

量及比例，确定微电网各级电压及网架结构，设想微电网在各种条件下的运行方式。微电网需要具备完全独立运行的能力，通过储能装置、可调负荷、控制系统调节可再生资源电源出力与负荷间的平衡。

（二）区域内部多种能源互补共济

区域内部多种能源互补共济面临的挑战为如何满足多种类型负荷需求，实现多种能源（冷、热、电等）之间的互补运行。因此，需要建立分布式能源耦合系统，具备以下三个方面的能力。

1. 多元输入，综合互补

多元输入指输入分布式能源耦合系统的能源可能不止一种，有油、气等传统化石能源，也可能有太阳能、风能、生物质能等可再生能源，不同能源在利用过程中能量释放品位不同、温度等级不同，因而当有多种能源输入时，要合理分配，按照各种能源的特点、品位，分别安排到系统的不同部位，各能源之间进行有效的互补集成，取长补短。

综合互补可以是不可再生能源之间、不可再生能源与可再生能源之间以及可再生能源之间的互补集成。

2. 品位对口，梯级利用

能量在使用和转化过程中不仅存在数量的问题，更重要的是有品位的差异。能量的品位即单位能量所具有可用能的比例，是表示能的质量的重要指标。任何一种能的利用和转化都要遵循梯级利用原理，从而使系统的能量利用更加合理、科学，品位不对口就会造成㶲损失增大，即有用能的损失。

3. 多元输出，分配得当

多元输出指分布式能量系统的输出能量产品多元化，不仅输出电一种产品，还要输出热、冷等多种能量产品。分配得当指要根据不同用户的用能特性合理分配好冷、热、电等不同能量产品之间的份额，来满足用户用能需求。

（三）区域之间互联互供

实现多个区域之间多种能源的互联互供，以及区域电网如何与大电网之间实现有效互动，需要建立完善能量管理系统，实现分层分目标控制，使得区域之间冷、热、电等多种类型能量的互联互供，以及微电网与大电网之间互备运行，完成电力的有效传送。

三、建设能源高效利用的智能电网

由负荷多元化和用能需求多样化导致用户用能方式转变，从而引起的能源发展新模式存在的挑战及能力建设主要在于需求侧响应机制、能源综合利用和智慧能源管理等方面。

1. 需求侧响应

需求侧响应推广应用存在的挑战主要是两个方面，一是对用户负荷的计量监测手段欠缺，二是用户参与需求侧响应的积极性不高。解决这两方面的问题，需要利用智能电能表、先进量测技术实现对负荷参与电网互动的有效的计量监测；同时采用开放容量市场等多种激励和补偿机制，调度负荷参与的积极性。

2. 能源综合利用

目前我国各能源（冷、热、电、气）供应体系相对独立，各个能源体系的相互协调程度较低，能源综合利用效率较低的问题较为严重。

需要打破原有各供能系统单独规划、单独设计和独立运行的既有模式，实现综合能源系统的一体化规划设计和智能优化运行，提高能源利用效率、大规模消纳可再生能源。"形成煤、油、气、核、新能源、可再生能源多轮驱动的能源供应体系"。发展以多能互补为核心的智慧能源，充分满足用户多样化用能需求，创新能源消费方式，利用需求差异化，实现用能需求互补，实现智慧高效用能；发挥不同能源品种的协同优势，实现能源供给侧优化。加强园区多种能源的综合协同控制，建设园区协调控制中心，实现能源的互补优化运行，提升能源利用效率。以区域能源网络为基础构建城市智慧能源体系，以电为核心，实现区域能源网络的互联互通，通过电力调度运行和多种能源的协调配合，实现多种能源的综合高效利用。

3. 智慧能源管理

构建能源与信息融合的感知网络，形成贯通能源生产、传输、消费各环节的能源服务平台，提供各类能源的优化调配，解决冷、热、电、气等综合能源的协同转化和优势互补，最大限度地提升能源的整体利用效率及清洁能源的消费比例，实现能源资源的优化调配。建设智慧能源管理平台，通过整合在电力、工业、公共服务、建筑楼宇、数据中心和安防等领域的技术和专业经验，实现对能源的高效管理，提升城市、企业节能效果。

四、建设交易机制公平合理的智能电网

新能源、分布式能源的接入，多元化、柔性化负荷的出现，能源的综合高

效利用，都要求电力系统具备更加灵活的市场交易。为此，智能电网需要加强以下方面的建设。

（一）市场化机制建设

由于交易机制缺失，资源利用效率不高。售电侧有效竞争机制尚未建立，发电企业和用户之间市场交易有限，市场化定价机制尚未完全形成，市场配置资源的决定性作用难以发挥，市场化机制的建设还面临以下问题：

（1）如何逐步放开计划电量，使得市场电价能反映电力供需并引导电力投资进行调整。

（2）放开计划电量，如何做到市场的公平公正。

（3）如何解决电力直接交易普遍存在的准入与退出机制不规范、电力平衡责任不清的问题。

（4）市场机制下，区域之间如何保证公平。

因此，开展电力市场的建设，应做到以下几点。

1. 市场公平

市场交易机制公开透明。由于参与市场的各省（区）的经济水平、电价水平以及资源禀赋的差异，在同样的竞争规则和市场过程中，在参与市场交易的过程中，需要公开透明的交易机制保证公平。

中长期合同不仅需要约定交易电量、交易价格、交易时间，还需要约定交易曲线。对于实物合同，交易曲线需要在日前阶段提交至调度机构进行安全校核。此外，为保障系统的电力平衡，还需要建立分时段竞价的现货市场，交易主体各时段的实际发用电需求与中长期合同交易曲线存在偏差时，可参与日前交易、日内交易以及实时交易。

2. 主体公平

制定公平的市场运营规则，市场电量由市场用户的实际用电需求确定，电量规模不进行人为限制。

发电侧应逐步缩小优先发电权的范畴，各类发电企业公平参与市场竞争；用户侧应按电压等级或用电容量逐步放开用户的准入，符合准入条件的用户自愿进入市场后，应全部电量参与市场交易，且在规定的周期内不得退出市场；符合准入条件但未选择参与市场交易或向售电企业购电的用户，由当地供电企业提供保底服务并按政府定价购电，购电价格可参照市场价格进行浮动。

3. 交易机构独立

市场中，交易机构独立并且严格遵守市场规则和市场道德。

交易机构管理运营与各类市场主体独立，政府有关部门依法对市场交易的过程进行公正监管。

（二）可再生能源证书交易机制设计

为解决我国可再生能源并网和市场消纳问题，可再生能源电力配额政策作为一种强制性的手段来满足可再生能源达到规定的数量和比例。但是，它的发展仍面临如下挑战：

（1）企业如何定价参与竞争。由于电价由国家统一管理和制定，企业没有定价主动权和竞争机会。一方面，电网企业由于运营管理成本得不到补偿，缺乏收购可再生能源电力的动力；另一方面，输电电价确定方式难以引导和鼓励不同地区间输送和接收可再生能源电力。

（2）市场化机制没有完全形成。在没有完全形成市场化的电力体制平台基础上，可再生能源单纯依靠对开发侧的政策支持，难以实现大规模接入电网和在电力系统中进行消纳，电力管理体制的不完善，不利于绿色证书交易系统的建立。

（3）配额如何制定。要加大可再生能源发展，解决可再生能源发电上网与消纳问题，客观上需要对发电企业、电网企业和地方政府提出强制性要求，并根据需要制定可再生能源的配额。

因此，需要从以下几个方面进行机制建设：

（1）配额指标分配。国家能源主管部门规定发电企业和电网企业的配额指标。发电企业根据其可再生能源装机容量占其总装机容量的比例承担配额义务；电网企业根据其经营范围内的可再生能源电力收购量占其总收购电量的比例承担配额义务。

（2）交易机制设计。为同时考核发电企业和电网企业，设计绿色证书A/B本，其中绿色证书A代表可再生能源发电，绿色证书B代表可再生能源消纳，A/B本为一套，由国家能源主管部门同时发放。发电企业按照可再生能源发电量从国家能源主管部门获得相应数量的绿色证书A/B本一套，其中绿色证书A留存，绿色证书B则在出售电力时移交给电网企业。承担配额的发电企业和电网企业分别按照规定的年度可再生能源电力生产和消纳配额，将各自持有的绿色证书A或B统一清算并提交到国家能源部门用以核查其配额完成情况，从而完成绿色证书的循环。如图 4-1 所示。

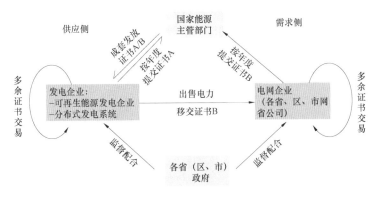

图 4-1　配额交易机制示意

（3）监督与考核。各省（区、市）政府负责监督、配合发电企业和电网企业配额任务的完成，并由国家能源主管部门负责按年度对各配额承担方的指标完成情况进行考核。

（三）商业模式

随着电力市场的逐步完善，各种商业模式也不断涌现，但也面临以下挑战：

（1）能源服务企业是否有足够的资金、技术和设备来开展项目。

（2）国家是否有专门的政策支持、专项金融资金以及财政支持。

（3）节能效果的衡量存在一定困难。评价项目实施后的节能收益成为制约合同能源管理发展的瓶颈。

（4）电力行业信用体系建设虽然取得了一定进展，如何根据信用开展能源金融还有待探索。

探索新的商业模式为能源服务，不仅要逐步完善电力市场的构建，还要做到以下几点：

（1）建立起针对节能服务企业的评价体系。提高节能服务行业的进入门槛，实现节能服务主体的多元化。

（2）加大政策扶持力度，减轻节能服务公司的资金压力。

（3）建立节能效果评价体系，完善效益分配机制，建立一套能够正确度量节能效果和合理的效益分配体系，综合考虑影响节能效果的各种因素。

（4）推进电力行业信用体系建设，持续提升信用建设质量和水平，增强全行业成员的诚信意识，营造行业优良信用环境，通过能源监管机构、金融监管机构、能源企业、银行、投资基金，构筑能源金融体系，鼓励和支持能源企业或金融机构建立战略储备银行，发行证券，促进能源及资本的流通和增值。

灵活的市场机制及商业模式如图4-2所示。

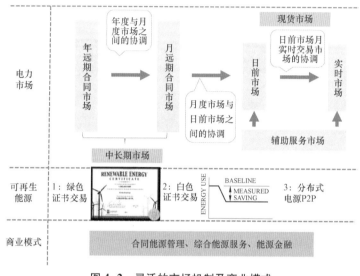

图4-2　灵活的市场机制及商业模式

第三节　智能电网发展架构体系

智能电网的构建是多种学科和领域的交叉融合，其架构体系涉及技术、生产、市场等各个层次和发电、输电、配电、用电等各个环节。智能电网所引起的已经不仅仅是一场技术的革命，而是产业发展和生活方式的深刻变革。尽管发展智能电网的期望已深入人心，并取得了社会的广泛关注，然而在能源革命的大背景下，采用何种策略和实施路线来应对智能电网发展带来的挑战，如何确定智能电网的发展重点和实施步骤等仍然是需要面对和解决的紧迫问题。

鉴于此，作者在能源革命的背景下，从"四个革命，一个合作"的能源战略角度出发，在新形势下重新审视智能电网发展带来的变革，全面梳理相关的业务流程，以功能需求为导向，提出发展智能电网的总体架构。

智能电网的发展架构体系可划分为"五个环节+四个支撑体系"等九大领域，如图4-3所示。五个环节分别为清洁友好的发电、安全高效的输变电、灵活可靠的配电、多样互动的用电、智慧能源与能源互联网，四个支撑体系分别为全面贯通的通信网络、高效互动的调度及控制体系、集成共享的信息平台、全面覆盖的技术保障体系，支撑各环节的发展。

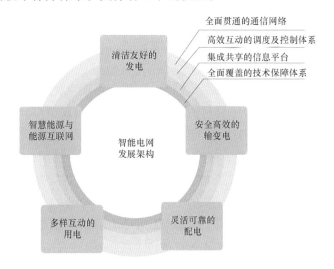

图4-3 智能电网发展架构体系

各领域的关键特征、核心作用和重点任务如下。

（1）清洁友好的发电：关键特征为"清洁低碳、网源协同、灵活高效"；核心作用是增强电力系统灵活性，提升非化石能源消费比重，推动能源结构转型升级；重点任务包括促进非化石能源电力发展、推动分布式能源发展、着力提升系统调峰灵活性。

（2）安全高效的输变电：关键特征为"安全高效、态势感知、柔性可控、协调优化"；核心作用是提升输变电设备的智能化水平，构建全生命周期管理体系，提升电网安全防御能力、资源配置能力和资产利用效率；重点任务包括加快优化主网、提升输电智能化水平、全面推进智能变电站建设、构建全生命周期管理体系。

（3）灵活可靠的配电：关键特征为"灵活可靠、可观可控、开放兼容、经济适用"；核心作用是加强配电网自动化、柔性化建设，实现配电网可观可控，满足多元负荷"即插即用"的接入需求，提升电网供电可靠性、电能质量和服务水平；重点任务包括全面加强城镇配电网、精准升级农村配电网、加强配电网自动化建设、开展配电网柔性化建设、推进微网建设、提升配电网装备水平。

（4）多样互动的用电：关键特征为"多元友好、双向互动、灵活多样、节约高效"；核心作用是打造全方位客户服务互动平台，全方位加强客户互动，满足智慧用能的需求，提高终端能源利用效率，推动能源消费革命；重点任务包括广泛部署高级量测体系、推动智能家居与智能小区建设、打造全方位客户服务互动平台、积极推动需求侧管理、加快电动汽车充电基础设施建设、大力推广电能替代。

（5）智慧能源与能源互联网：关键特征为"多能互补、高效协同、开放共享、价值创新"；核心作用是打造具有独特竞争力的新型综合能源服务商，创新企业价值，促进互联网技术与能源系统深度融合，促进能源耦合系统基础设施建设，推动能源市场开放和产业升级，支撑低碳、清洁、高效的社会发展；重点任务包括加大推进综合能源服务业务、促进智慧能源发展、构建开放共享的能源互联网。

（6）全面贯通的通信网络：关键特征为"全面贯通、高速宽带、开放泛在、应急保障"；核心作用是满足全面感知、高效互动、智能决策控制的数据传输需求；重点任务包括建设全光骨干通信网络、建设全面覆盖的接入网、建设可靠高效的数据通信网络、建设完善的应急通信体系。

（7）高效互动的调度及控制体系：关键特征为"统一架构、安全预警、协调控制、智能决策"；核心作用是构建分层分布式智能调度及控制体系，支持广泛的优化协调和高效互补运行；重点任务包括建设智能调度技术支持系统、提升优化系统控制保护水平。

（8）集成共享的信息平台：关键特征为"数据贯通、集成共享、决策支持"；核心作用是推进电网全方位、全过程数字化建设，构建"云、大、物、移、智"信息支撑体系；重点任务包括建设数字电网平台，加强"云、大、物、移、智"关键技术应用。

（9）全面覆盖的技术保障体系：关键特征为"信息安全、标准规范"；核心作用是保障电力系统和信息系统安全稳定运行，形成智能电网标准规范体系，全面支持智能电网的建设和运行；重点任务包括构建全面覆盖的网络安全防护体系、构建完善的智能电网标准体系。

按照"五个环节+四个支撑体系"的架构体系推动智能电网建设，全面支撑电网安全、可靠、绿色、高效的发展目标，具体对应关系见图4-4、表4-1和图4-5。

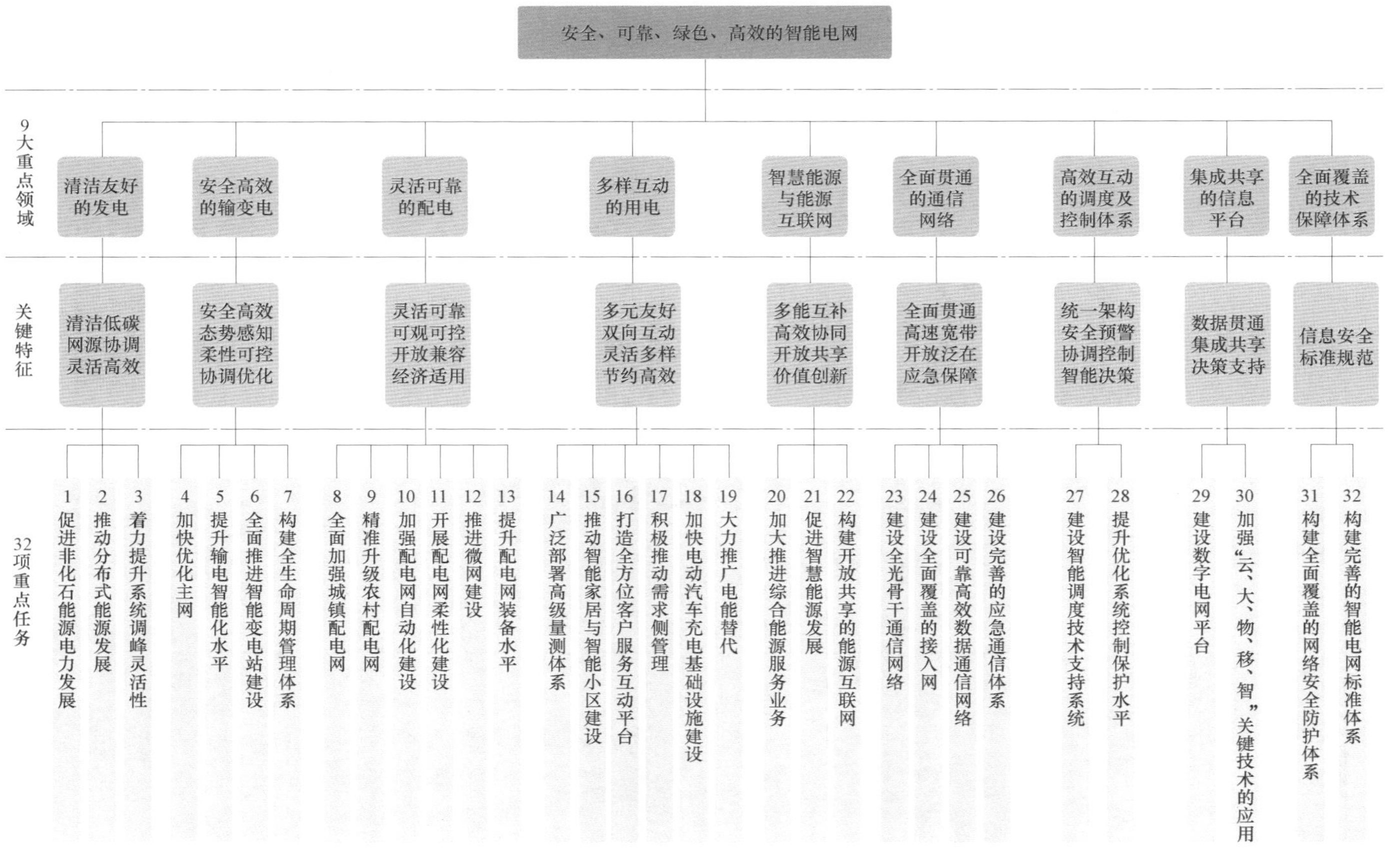

图 4-4 智能电网发展体系

安全、可靠、绿色、高效的智能电网

9大重点领域：
- 清洁友好的发电
- 安全高效的输变电
- 灵活可靠的配电
- 多样互动的用电
- 智慧能源与能源互联网
- 全面贯通的通信网络
- 高效互动的调度及控制体系
- 集成共享的信息平台
- 全面覆盖的技术保障体系

关键特征：
- 清洁低碳网源协调灵活高效
- 安全高效态势感知柔性可控协调优化
- 灵活可靠可观可控开放兼容经济适用
- 多元友好双向互动灵活多样节约高效
- 多能互补高效协同开放共享价值创新
- 全面贯通高速宽带开放泛在应急保障
- 统一架构安全预警协调控制智能决策
- 数据质通集成共享决策支持
- 信息安全标准规范

32项重点任务：
1 促进非化石能源电力发展
2 推动分布式能源发展
3 着力提升系统调峰灵活性
4 加快优化主网架
5 提升输电智能化水平
6 全面推进智能变电站建设
7 构建全生命周期管理体系
8 全面加强城镇配电网
9 精准升级农村配电网
10 加强配电网自动化建设
11 开展配电网柔性化建设
12 推进微电网建设
13 提升配电网装备水平
14 广泛部署高级量测体系
15 推动智能家居与智能小区建设
16 打造全方位客户服务互动平台
17 积极推动需求侧管理
18 加快电动汽车充电基础设施建设
19 大力推广电能替代
20 加大推进综合能源服务业务
21 促进智慧能源发展
22 构建开放共享的能源互联网
23 建设骨干通信网络
24 建设全面覆盖的接入网
25 建设可靠高效数据通信网络
26 建设完善的应急通信体系
27 建设智能调度技术支持系统
28 提升优化系统控制保护水平
29 建设数字电网平台
30 加强"云大物移智"关键技术的应用
31 构建全面覆盖的网络安全防护体系
32 构建完善的智能电网标准体系

表 4-1　　　　　　　　　　　智能电网各个领域的特征及其作用

智能电网领域		关键特征	核　心　作　用
五个环节	清洁友好的发电	清洁低碳、网源协调、灵活高效	增强电力系统灵活性，提升非化石能源消费比重，推动能源结构转型
	安全高效的输变电	安全高效、态势感知、柔性可控、协调优化	提升输变电设备智能化水平，构建全生命周期管理体系，提升电网安全防御能力、资源配置能力和资产利用效率
	灵活可靠的配电	灵活可靠、可观可控、开放兼容、经济适用	加强配电网自动化、柔性化建设，实现配电网可观可控，满足多元负荷"即插即用"的接入需求，提高电网供电可靠性、电能质量和服务水平
	多样互动的用电	多元友好、双向互动、灵活多样、节约高效	满足多样互动、智慧用能的需求，提高终端能源利用效率，推动能源消费革命
	智慧能源与能源互联网	多能互补、高效协同、开放共享、价值创新	打造具有独特竞争力的新型综合能源服务商，创新企业价值，促进互联网技术与能源深度融合，促进能源耦合系统基础设施建设
四个支撑体系	全面贯通的通信网络	全面贯通、高速宽带、开放泛在、应急保障	满足全面感知、高效互动、智能决策控制的数据传输需求
	高效互动的调度及控制体系	统一架构、安全预警、协调控制、智能决策	构建分层分布式智能调度及控制体系，支持广泛的优化协调和高效互补运行
	集成共享的信息平台	数据贯通、集成共享、决策支持	推进电网全方位、全过程数字化建设，构建"云、大、物、移、智"信息支撑体系
	全面覆盖的技术保障体系	信息安全、标准规范	保障电力系统和信息系统安全稳定运行，形成智能电网标准规范体系，全面支撑智能电网的建设和运行

图 4-5 智能电网发展体系与支撑电网安全、可靠、绿色、高效发展的关系

发展体系	安全	可靠	绿色	高效
清洁友好的发电	有序发展抽水蓄能、推进大容量储能试点示范		提升非化石能源占比	提升系统调峰灵活性，推动市场化调峰机制建设；支持分布式能源发展
安全高效的输变电	优化主网互联互通/保底电网规划；先进直流及柔性交直流输电技术；智能变电站		两电东送	在线监测、智能巡检；动态增容；全生命周期管理
灵活可靠的配电		加强配网，升级农网；加强配电自动化	开展配电网柔性化建设、推进微网建设	提升配电网装备水平
多样互动的用电			储能及电动汽车、需求侧响应；电能替代	高级量测体系；全方位客户服务渠道体系；智能家居、智能小区；综合信息服务
智慧能源与能源互联网			综合能源服务体系；以多能互补、区域能源网络为核心的智慧能源与智慧城市；能源大数据、网上交易、网上服务、电子商务	
全面畅通的通信网络	应急通信体系	全光骨干通信网	全面覆盖接入网、IP综合数据通信网	
高效互动的调度及控制体系	安全稳定控制系统、保护	调度支持系统	市场化环境下的调度运行机制	
集成共享的信息平台		建设数字电网平台，加强"云、大、物、移、智"关键技术的应用		
全面覆盖的技术保障体系		网络安全防护体系、智能电网标准体系		

第四节　智能电网建设的重点领域与任务

智能电网贯穿于能源的生产、传输、分配、使用等各个环节。围绕建设"安全、可靠、绿色、高效"的智能电网，应该从清洁友好的发电、安全高效的输变电、灵活可靠的配电、多样互动的用电、智慧能源与能源互联网5个环节和全面贯通的通信网络、高效互动的调度及控制体系、集成共享的信息平台、全面覆盖的技术保障体系4个支撑体系等9大重点领域开展相关建设工作。本节全面梳理了现阶段应完成的9大重点领域的32项重点建设任务，以促进智能电网的全方位发展。

一、重点领域一：清洁友好的发电

作为能源产业链的首要关键环节，电源建设在推动能源结构调整、降低能源消耗、提高能源利用效率、促进节能减排、应对气候变化、保障国家能源安全、实现能源生产和消费革命等方面发挥着至关重要的作用。清洁友好的发电体系建设是智能电网建设的重要一环，应按照建设清洁低碳、安全高效的现代能源体系要求，大力开发非化石能源电力，积极推动能源生产利用方式变革，增强系统灵活性，推进清洁低碳、安全高效的现代能源体系建设，推动能源结构转型升级，提升绿色发展水平。围绕清洁友好的发电领域建设，需要做好以下3项重点任务：

1. 重点任务1：促进非化石能源电力发展

非化石能源是未来能源的重要组成，在缓解能源压力、减少环境污染、保障能源安全方面将发挥重要作用。电力是非化石能源的有效利用形式，支持非化石能源电力发展是构建清洁友好发电的重要任务。发展非化石能源电力，应根据国家能源电力发展战略，建立健全网源协调发展和运营机制，有效协同电源开发与电网建设，电网公司应主动做好各类型非化石能源并网服务。

（1）有序推进各类电源开发建设。合理预测电力需求发展、科学分析电力供需形势。落实能源电力发展战略，统筹全行业发展，科学引导、有序推进火电、水电、风电、光伏等各类电源开发建设时序，降低电力装机冗余，拓展非化石能源消纳空间，提高系统运行效率。

（2）保障新增非化石能源装机并网。不断完善新能源规划设计、并网服务、结算补贴等管理制度体系，加快推进非化石能源送出工程建设。推动加强传统能源和新能源发电的厂站级智能化建设，提升电源侧可观可控性。

2. 重点任务2：支持分布式电源发展

分布式电源是能源发展的一大趋势，为支持分布式电源发展，需要全方位提升电力系统灵活性和适应性，以支持能源的分散开发、就近消纳，提高电网对分布式电源接纳能力，提高能源利用效率。

（1）提升配电网对分布式电源的渗透率。统筹分布式电源发展与配套的配电网规划建设，满足分布式电源友好接入，保障电网电能质量和供电安全。积极应用先进的配电网技术，推动完善"源—网—荷—储"协同的市场化运行机制，实现分布式电源和多元化负荷的开放接入和双向互动，提升配电网分布式电源渗透率，保障分布式电源装机并网。

（2）推动分布式电源开发利用。在海岛、偏远山区、工业园区建设分布式光伏发电、风电，利用当地自然资源条件推进新能源微网建设。选择数据中心、医院、机场、酒店、工业园等具有稳定冷热负荷、投资回报率较高的优质潜在客户，积极推动建设冷热电三联供项目。

3. 重点任务3：着力提升系统调峰灵活性

随着社会对电量需求的不断增加，电网尖峰负荷逐渐增大，电网调峰能力和调峰需求的矛盾不断凸显。为保障电网安全稳定运行，需要着力提升系统调峰灵活性，充分挖掘各类电源、负荷侧资源调峰潜力，拓展系统调峰资源，优化天然气调峰电站、抽水蓄能电站等调峰电源建设，加快推进大容量储能设备研发及试点示范应用，推动建立市场化调峰机制，发挥市场主体积极性，着力增强系统灵活性、适应性。

（1）开展火电机组灵活性改造。借鉴火电灵活性运行先进经验，开展煤电机组灵活性改造试点示范及推广应用，推进实现热电机组"热电解耦"运行，大幅提高纯凝机组调峰能力。推动燃煤电厂、燃气热电联产电厂灵活性改造，提高系统调节能力和运行效率。

（2）协调核电机组按系统运行需求参与调峰。加强技术经济论证，明确电力系统对核电机组调峰要求，协调推进调峰困难时段核电参与系统调峰。

（3）优化推进天然气调峰电站建设。有效发挥现有天然气电站调峰能力，积极推进负荷中心天然气调峰电源建设，促进电力供需就地平衡，提高系统抵御和防范极端灾害天气能力。

（4）有序发展抽水蓄能电站。科学规划、系统布局抽水蓄能电站发展，优化抽水蓄能电站建设方案和时序，优先在负荷中心分散布局适合的抽水蓄能电站。结合调峰手段的多样化，加强调峰措施的技术经济综合比较，推进各地区调峰电源中长期发展规划和抽水蓄能电站选点规划，稳步开展项目前期工作，根据系统调峰需要适时开工建设。

（5）推进大容量储能电站技术攻关和试点示范。加强锂离子电池、钠硫电池、液流电池等先进储能技术积累，推进 1 万 kW 级储能电站试点示范，建设国家级储能技术重点实验室。

（6）推动建立市场化的调峰机制。加强电力系统调峰市场化机制研究，建立涵盖发电侧和负荷侧共同参与的竞争性辅助调峰服务市场，发挥市场主体的积极性，抽水蓄能、燃气机组、灵活性煤电等调节性电源可通过市场竞价获取调峰收益。加强技术、政策等领域研究，通过价格信号或激励手段，推动需求侧响应资源参与调峰机制，促进高效蓄冷、蓄热和虚拟电厂技术应用，引导用户合理调整用能方式，实现电力负荷削峰填谷。

虚 拟 电 厂

虚拟电厂是利用先进的控制、计量和通信等技术，实现多个分布式电源、储能系统、可控负荷、电动汽车等不同类型、较为分散的分布式能源的聚合和协调优化，作为一个特殊电厂整体参与电网运行和市场交易。虚拟电厂强调"参与"，注重对外呈现的功能和效果，有利于资源的合理优化配置及利用。

虚拟电厂的主要类型有：

（1）聚合多种分布式电源的虚拟电厂：将分布式光伏发电、风电机组、小水电、冷热电联供机组等不同类型的分布式电源进行聚合，作为整体参与市场交易，通过协调优化提供备用辅助服务。

（2）聚合分散储能/电动汽车的虚拟电厂：将大量分散储能装置、电动汽车进行聚合，协调优化控制整体充放电时序，降低因大量电动汽车随机充放电对电能质量的影响，有利于电网削峰填谷，提高综合利用效率。

（3）聚合分散可控负荷的虚拟电厂：利用需求侧管理聚合大型工业用户可控负荷、楼宇中央空调负荷，或通过负荷集成商聚合分散可控负荷等资源参与需求侧响应，降低或转移高峰用电负荷，在紧急情况下提供备用辅助服务。

（4）综合聚合上述分布式能源的虚拟电厂：综合聚合多种分布式电源、储能装置、电动汽车、可控负荷资源或其中的任意组合资源，保障含大量随机特性电源的电力系统能够可靠、经济、可持续运行。

二、重点领域二：安全高效的输变电

随着能源转型和能源革命进程的深入，我国电力系统面临着全新的电力供应和电力消费形势。新形势下不同的外部因素相互交织，相互作用，对电网输变电系统提出了新的要求，需要输变电系统在规划建设中采用更加先进、智能化的技术和思路，建设具有灵活电能交换能力和运行工况调整能力的电网结构，增强电网自愈能力，获得更安全的运行水平、更高的运行效率，提供较高的供电可靠性，提高资源利用率和投资效益。围绕安全高效的输变电领域建设，应采用直流输电等技术深化西电东送战略，合理控制同步电网规模，建设安全、高效的智能输电网，提升电网安全防御能力、资源配置能力和资产利用效率，并着重做好以下4个方面的重点任务。

1. 重点任务4：加快优化主网

电网规模的不断扩大，导致维持电网安全稳定运行的难度和风险不断增加。为保障电网的安全、高效运行，需要合理控制同步电网规模，完善主网架结构，有效管控强直弱交、直流多落点、短路电流超标等电网重大安全风险。推进重要城市保底电网建设，显著提升电网防灾应急保障能力。

（1）促进西电东送可持续发展。采用直流输电技术，深化西电东送发展战略，进一步发挥电网能源资源配置平台作用，促进西部能源资源的合理开发与东部社会经济的绿色发展。

（2）优化电网主网架结构。依托直流输电工程实现异步联网，化解"强直弱交"带来的电网安全稳定风险。采用直流背靠背联络技术，化解负荷中心直流多落点及主网架短路电流超标问题。合理管控"大机小网"风险，提升电网安全防御能力。

（3）完善省级电网主网架。根据变电站在系统中的作用，明确定位、差异建设，优化简化出线规模，合理确定主接线形式，形成结构清晰、安全可控的 500kV 主网架结构。

（4）建设重要城市保底电网。针对台风、冰雪凝冻等极端自然灾害，推进防灾抗灾型电网建设，提升电网整体安全、设备供电安全保障能力，补电网防灾能力建设短板，防范大面积、长时间停电，提高城市核心区域和关键用户供电保障能力。强风区保底电网结合城市规划发展、综合管廊建设，适当提高电网建设标准，适时针对重要站点和关键线路进行电缆化、户内化改造，尽量形成向城市核心区域供电的电缆化、户内化通道，提高保底电网防灾能力；中重冰区保底电网加强融冰手段配置，确保网架不垮。

2. 重点任务 5：提升输电智能化水平

为提升输电智能化水平，需要推进先进直流输电和柔性交直流输电技术的研发应用，推广输电线路在线监测等技术，加大线路新材料、新技术应用，提高输电智能运维水平，支持电网实时监测、实时分析、实时决策，提高输电网运行安全灵活性、防灾抗灾能力和资产利用效率。

（1）推进先进直流输电及柔性交直流输电技术的应用。推动特高压多端直流等示范工程建设。加大高压大容量柔性直流关键技术攻关，攻克成套设计、设备制造与系统集成以及常规直流和柔性直流混联等关键技术，力争在多端直流输电工程、背靠背异步联网等工程中开展示范应用。按照电网实际需求，推进静止无功补偿器（SVC）、静止同步补偿器（STATCOM）、可控串补（TCSC）以及统一潮流控制器（UPFC）等柔性交流输电技术的应用。

（2）提升重要输电通道和灾害地区线路在线监测水平。加大先进技术装备和数据分析方法应用力度，融合气象、地理信息、卫星数据，建成针对输电线路环境信息和运行状态的在线监测系统，开展风险评估与灾害预警方法研究，实现对重要输电走廊、灾害地区重要线路的状态监测与灾害预警。中重冰区 110kV 及以上线路配置覆冰监测终端，沿海强风区大档距以及微气象、微地形杆塔配置微气象监测终端，采矿区周边以及泥石流、滑坡易发地带配置地质灾害隐患监测终端，重要交叉跨越同时故障可导致一般及以上事故且存在山火隐患的配置山火监测终端，海缆路由通过主航道的，可安装船舶交通服务系统（VTS）、船舶自动识别系统（AIS）和近岸视频监视系统（CCTV）。基于架空线路运行温度在线监测，开展动态增容技术试点应用，提高输电线路利用效率。

（3）加大输电线路新材料、新技术的应用。积极开展复合材料杆塔、横担的工程应用，重点在输电线路走廊紧张和沿海强风区的工程，采用纤维增强树脂基复合材料的杆塔、横担等新技术，节约走廊宽度和土地资源，降低杆塔高度。推广新型节能导线在输电线路的应用，采用铝合金芯铝绞线、钢芯高导电率铝绞线、中强度全铝合金绞线等新型节能导线，降低工程投资、建设和运行难度，减少输电损耗，提高综合效益。

（4）提高输电线路智能运维水平。加快推进先进技术与装备应用，推行"机巡+人巡"模式，充分发挥直升机、无人机、巡线机器人及人工巡检各自特点，针对不同任务需求、环境特点采取适当方式开展线路巡检，提高输变电智能化运维水平和效率。2020年基本实现"机巡为主、人巡为辅"的协同巡检，计划巡视中机巡占比不少于60%，重要输电线路直升机、无人机巡检全覆盖（特殊区域除外），形成功能定位清晰、标准体系健全、运营模式科学、装备配置合理、作业效果显著的常态化线路巡检。

3. **重点任务6：全面推进智能变电站的建设**

智能变电站的建设应秉承全站信息统一共享原则，坚持信息采集和传输的数字化、网络化，全站采用 DL/T 860 标准建模，实现站控层设备一体化；稳步推进过程层设备数字化/网络化、保护设备就地化、测控装置集中化；按一体化电网运行智能系统标准实现主子站统一建模，全面推广智能远动机。通过部署二次智能运维系统，提高变电站运维效率。智能变电站建设模式如图 4-6 所示。

（1）实现变电站数据的统一建模、源端维护和统一出口。全站按 DL/T 860（IEC 61850）标准统一建模，按一体化电网运行智能系统标准实现主子站统一建模和远程管理。统一数据模型图形描述和传输规约，建立符合主子站业务需求的设备公共模型，实现各专业数据统一描述格式、统一传输、统一配置和管理。完善一、二次设备连接关系，实现主、子站协同的变电站多专业统一建模的源端维护。全面推广应用变电站智能远动机，按照一体化电网运行智能系统标准开展变电站自动化系统建设，通过智能远动机实现厂站端统一数据出口，满足网、省、地各级调度端主站接入及运行、维护通信需求，实现变电站 SCADA、综合驾驶舱等功能。

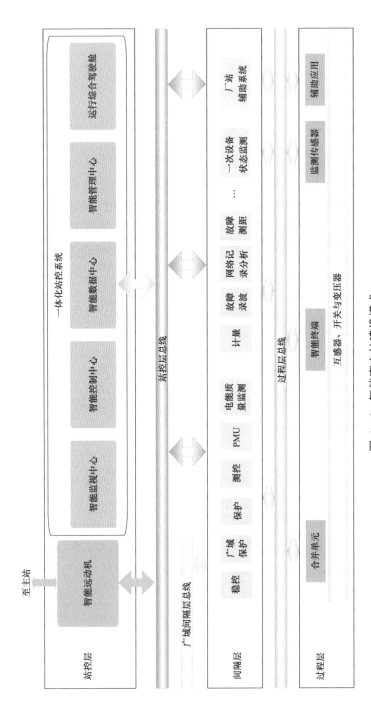

图 4 - 6 智能变电站建设模式

实现网络数据直接采集，支持测控、保护、计量、故障录波、设备状态监测、PMU、环境等专业完整数据上传，并结合数据重要性和实时性要求，实现厂站数据的灵活配置和动态管理。通过通信通道与规约整合、远程数据订阅，达到节约通信带宽、降低主站资源损耗的目的。

（2）推进站控层设备一体化。采用一体化站控层结构，整合站控侧资源，将原站控侧各功能主机整合成一个资源池，综合实现远动、电能量、PMU、保护及故障录波信息、在线监测、AVC、辅助服务等功能。构建面向服务的架构体系，建立用于一体化监控系统各功能设备之间信息和业务交互的标准的服务总线，构建各应用功能服务标准的接口，各应用服务之间信息基于标准化模型和服务接口无缝交互，整个一体化监控系统的各应用功能服务能够根据需要灵活部署，有效利用硬件资源。通过模型服务、图形服务、点表服务、防误服务、序列控制服务等一系列标准服务接口，实现与主站通信以及主子站的深度互动，提升站控层智能化程度。

（3）稳步推进过程层设备数字化、网络化。提高保护装置的速动性、可靠性，保护相关信息不经网络传输，实现"直采网跳"。稳妥推进一、二次融合的智能设备，35kV及以下电压等级推广应用芯片化装置，110kV及以上电压等级试点稳妥推动芯片化装置示范应用，促进智能设备一、二次融合。对现有站改造或设备条件不成熟的情况，可利用合并单元、智能终端实现过程层设备的数字化、网络化。

（4）同步部署二次智能运维系统建设。基于一体化电网运行智能系统整体框架，部署二次智能运维主站系统和厂站端子站建设。新建站点同步部署二次智能运维系统，已投运站点逐步完成二次智能运维系统建设。主站端侧重多维度信息分析、展示、诊断评估和辅助决策；厂站端侧重信息采集、过滤和处理，全面掌握二次设备信息状态。通过二次智能运维系统建设，提升二次设备状态监视智能化水平，实现变电站二次系统信息的全面采集、分析和应用，并直观反映给变电站运检人员和二次专业人员，为变电站二次系统的日常运维、异常处理、检修安排及事故分析提供技术手段和辅助决策依据，实现状态评估、态势感知、状态检修，提高智能运维管理水平。

二次智能运维系统包括变电站配置文件管控、二次设备状态监视、二次虚回路可视化及监视、二次过程层光纤回路监视、二次故障定位、二次检修辅助安全措施、改扩建管理、智能故障分析等。系统信息采集范围应涵盖合并单元、智能终端、保护装置、测控装置、安全自动装置、过程层交换机及构成保护控制系统的二次连接回路等。

（5）推动变电站在线监测及新技术应用。推广变压器油中溶解气体在线监测、GIS局部放电带电检测、避雷器泄漏电流带电检测以及开关柜局部放电带电检测。推广移动式变电站示范应用。试点一次设备装配式、二次系统预制舱技术应用，提高智能变电站建设效率与质量。试点建设变电站智能化作业调控中心、云计算大数据分析平台，开展在线监测、状态检修及智能巡检。统筹考虑智能巡检轨道、路径，采用固定式轨道和移动底盘的轨道式巡检机器人开展变电站日常巡视，采用自主导航的专业化巡视机器人开展带电检测和设备机构专业检查等专业化巡视。

4. 重点任务7：构建全寿命周期管理体系

对输变电设备进行有效的管理，不仅涉及设备技术层面，也包含经济层面。在技术层面，通过状态检测、故障率评估、设备风险评估等对设备的运行状况有清晰的了解，制订设备的预防性维修计划；在经济方面，通过评估设备全寿命周期成本或设备在寿命周期内的年平均成本，为设备的技术改造或更换提供依据。应基于设备在线、离线状态监测信息，以资产策略为引导、以资产绩效分析为手段、以技术标准和信息系统为支撑，稳步、有序推进全生命周期管理体系建设，覆盖项目规划设计、物资采购、工程建设、运维检修等各个环节，实现设备管理的高效性，提升资产利用效率。

（1）建设网省一体化的输变电设备状态监测系统。按照"中心建设全统一、多维数据全融合、状态监测全覆盖"的设备状态监测与评估体系，重点建设网省一体化的输变电设备状态监测系统、数据中心及评价中心，将全生命周期管理的理念和技术全面落实到电网规划、建设、运行、检修、资产管理各业务流程，实现设备状态监测系统与调度运行系统及管理信息系统的数据全面融合，满足设备状态检修、全生命周期管理要求，支撑资产管理。

（2）加强设备状态检测与评估技术支撑。采用状态诊断技术，通过历史数据积累完成设备安全风险评价、健康状态评估、可靠性评估、寿命预测和经济性评价等全面智能评估，建立各类设备智能评估体系。按照"统一模型、集中分析"的基本原则，综合设备基本台账、技术参数、资产机制、运维情况等信息，实现设备大数据分析与高级应用，为设备状态检修策略的制定和资产管理提供决策支撑。

（3）有序推进状态检修技术的应用。围绕设备健康及寿命管理的主线，协调设备检修与设备故障之间的矛盾，推进设备监测、状态评价、故障诊断及预测等技术进步完善。根据先进的状态监测和诊断技术所提供的设备状态信息，开展设备运行状态评价与风险评估，掌控设备实际性能，优化设备检修模式，提高资产全生命周期管理的科学决策水平。

三、重点领域三：灵活可靠的配电

配电网是沟通大电网和用户的重要环节，起到将电能由主网分配至用户的作用。配电网建设的重点一方面在于缓解供电约束，提高供电可靠性；另一方面在于提升配电网智能化水平，满足分布式电源和多元负荷的灵活接入要求，促进分布式能源的广泛消纳和高效利用。建设灵活可靠的配电系统，需要构建强简有序、灵活可靠的配电网架构，通过推广应用配电自动化、配电网柔性化等先进技术，全面提升配电网装备水平，实现配电网可观可控，满足社会生产和生活智慧用能需求，提高电网供电可靠性、电能质量和服务水平。围绕灵活可靠的配电领域建设，需要开展以下 6 个方面的重点任务。

1. 重点任务 8：全面加强城镇配电网

构建强简有序、灵活可靠的配电网架构，服务城镇化建设，根本解决重过载、低电压等突出问题，差异化提升供电可靠性和配电网网架灵活性。加强配电网抢修和不停电作业能力，保障用户供电可靠水平。

（1）以目标接线结构指导配电网差异化建设。按照远近结合、分步实施的原则，优化完善结构，合理划分变电站供电范围，构建高、中、低压配电网相互匹配，强简有序，目标明确，过渡清晰的网络，解决非标准接线多、环网率低等问题。城市新区采用网格化规划精细设计，提升配电网规划管理的精益化水平。优化配置配电网电压序列，在负荷密度高、供电可靠性要求高的地区可考虑采用 20kV 配电网。

不同分区配电网网架结构建设模式

供电分区	网架结构（推荐）			主要指标（≥）		
	电压序列（kV）	接 线 方 式		供电可靠率	综合电压合格率	供电安全度
A+类	220/110/10 220/20	110kV	双侧电源完全双回链 双侧电源三T、πT	99.999%	99.99%	应满足 N-1
		20kV	电缆：双环网、"3-1"单环网、N供一备、"花瓣"形			环网率：100%
		10kV	电缆：单环网、N供一备、开关站式双环网			
A类	220/110/10 220/20	110kV	双侧电源双回链 双侧电源单回链（1站） 双侧电源三T、πT	99.990%	99.97%	应满足 N-1
		10kV	电缆：单环网、N供一备、开关站式双环网 架空：N分段n联络			环网率：95%
B类	220/110/10	110kV	双侧电源不完全双回链 双侧电源单回链（1站） 单侧电源链式 双侧电源三T、双T、πT	99.965%	99.95%	应满足 N-1
		10kV	电缆：单环网、N供一备、独立环网式双环网 架空：N分段n联络			环网率：85%

供电分区	网架结构（推荐）			主要指标（≥）		
	电压序列（kV）	接 线 方 式		供电可靠率	综合电压合格率	供电安全度
C类	220/110/10 220/35/10 110/35/10	110kV	双侧电源单回链 单侧电源链式 双侧电源三T、双T、πT	99.863%	98.79%	应满足 $N-1$
		35kV	双侧电源单回链 单侧电源链式、双回辐射 双侧电源双T、πT 单侧电源双T			
		10kV	电缆：单环网、N供一备 架空：N分段 n 联络			环网率：85%
D类	220/110/10 220/35/10 110/35/10	110kV	单回链、双回辐射 双侧电源不完全双T 单侧电源T接	99.830%	98.00%	宜满足 $N-1$
		35kV				
		10kV	架空：N分段 n 联络、单辐射			
E类	220/110/10 220/35/10 110/35/10	110kV	单回链、双回辐射 双侧电源不完全双T 单侧电源T接	承诺值	承诺值	无强制要求
		35kV	单回链、单侧电源T接			
		10kV	架空：单辐射			

供电区域划分表

供电区域 地区级别	中心城市（区）		城镇地区		乡村地区	
	A+	A	B	C	D	E
国际化大城市	市中心区 或 $\sigma \geq 30$	市区 或 $15 \leq \sigma < 30$	市区 或 $6 \leq \sigma < 15$	城镇 或 $1 \leq \sigma < 6$	乡村 或 $0.1 \leq \sigma < 1$	—
省会、主要城市	$\sigma \geq 30$	市中心区 或 $15 \leq \sigma < 30$	市区 或 $6 \leq \sigma < 15$	城镇 或 $1 \leq \sigma < 6$	乡村 或 $0.1 \leq \sigma < 1$	偏远山区
一般地级市	—	$\sigma \geq 15$	市中心区 或 $6 \leq \sigma < 15$	市区、城镇 或 $1 \leq \sigma < 6$	乡村 或 $0.1 \leq \sigma < 1$	
县（县级市）	—	—	$\sigma \geq 6$	城镇 或 $1 \leq \sigma < 6$	乡村 或 $0.1 \leq \sigma < 1$	

注　1. σ 为供电区域的负荷密度（MW/km²）。
　　2. 供电区域面积不宜小于 5km²。
　　3. 计算负荷密度时，应扣除 110kV 及以上电压等级的专线负荷，以及高山、戈壁、荒漠、水域、森林等无效供电面积。
　　4. 地区级别按行政级别、城市重要性、经济地位和负荷密度等条件分为四级。
　　5. A+、A 类区域对应中心城市（区）；B、C 类区域对应城镇地区；D、E 类区域对应乡村地区。

（2）开展高可靠性示范区和新型城镇化配电网建设示范区建设。高起点、高标准建设中心城区配电网，在主要城市核心区建设高可靠性示范区，用户年平均停电时间不超过 5min，达到国际同类城市领先水平。结合国家新型城镇化规划及发展需要，适度超前建设城镇配电网，建设一批新型城镇化配电网建设示范区，供电可靠率不低于 99.93%，用户年平均停电时间不超过 6.4h。

（3）提升不停电作业能力，加强配网抢修管理。利用现有技术不断推广不停电作业项目，逐步覆盖停电作业的项目；积极研发不停电作业新技术，促进机械化工作水平，提高劳动效率，更好地保障电网安全。依托营配调贯通成果及业务融合，进一步开展数据治理与功能优化，综合分析停电故障及用户报修信息，实施实用化故障辅助研判，全面支撑配网故障主动抢修业务应用。

2. 重点任务 9：精准升级农村配电网

按照全面建成小康社会对农村地区电力保障的要求，以精准投资、经济适用、标准化、差异化为原则，改造升级农村电网，逐步提高农村电网信息化、自动化、智能化水平，解决农村电网供电可靠性低、电压稳定性差及农村经济发展较快地区用电瓶颈问题，建成结构合理、技术先进、安全可靠、智能高效的现代农村电网，促进城乡电力公共服务均等化、提升电力普遍服务能力。

（1）强化农村地区配电网网架结构。高压配电网适当增加布点，解决供电半径和供电质量问题。中压配电网加快主干网架建设，合理规划中压配电网线路的供电半径和线径，标准配置导线截面；合理增加线路分段数，适当就近联络，提高供电安全可靠水平。提升农村配电网 $N-1$ 通过率和联络率。

（2）加强农村配电网电压治理。多措并举、防治结合，按照"小容量、密布点、短半径"的原则，合理增加电源及配电变压器布点，合理规划中压配网线路的供电半径和线径，适当配置无功补偿装置。

（3）保障光伏扶贫、农光互补等新能源接入与消纳。全面完成小城镇、中心村改造升级，因地制宜实施美丽乡村配电网示范工程，全面完成贫困地区农村电网改造升级，保障小水电及光伏发电等分布式电源接入，保障光伏扶贫、农光互补、渔光互补等新能源无障碍接入和消纳。

3. 重点任务 10：加强配电网自动化建设

以"简洁、实用、经济"为原则，综合考虑地区经济发展需求、配电网网架结构及一次设备装备水平，因地制宜选择配电自动化技术路线，差异化开展配电自动化建设，实现配电网可观、可控，满足提高供电可靠性、改善供电质量、提升配电网管理水平的业务需求。提升分布式能源等能源综合利用接入配电网自动化的标准化建设。

（1）因地制宜地选择配电自动化建设模式。差异化开展配电自动化建设。高可靠性地区采用智能分布式或集中式配电自动化方案，实现配电网自愈控制；中心城区推广集中式或就地型重合器式方案，实现故障自动隔离与自动定位；其他城镇地区的支线配置带故障跳闸功能的开关，实现支线故障隔离；其他区域，部署集中监测终端或故障指示器，提高故障定位能力和分析能力。

（2）开展配电自动化主站建设。按照一体化电网运行智能系统技术体系全面建设完善配电自动化主站平台，实现配电网运行状态全面监测、故障定位与处理、抢修业务流程的一体化贯通、故障自动隔离与恢复等功能；重点区域部署配电网自愈控制、状态估计及安全评估、分布式电源接入管理、电动汽车多元负荷互动响应等功能。

（3）建设以智能代理理念为基础的分层分布式控制体系。分层分布式控制系统分为设备层、分布控制层和集中决策层三个层次，在实现配电网可观、可测的基础上，完成分布式电源功率预测、柔性负荷预测、可调度容量分析、协调控制策略优化等功能。分层分布式控制系统可有效平滑风电、光伏发电等出力波动，提高配电网对可再生能源的消纳能力，降低电网峰谷差，提高设备利用率，降低配电网损，实现"源—网—荷"协调控制，全面提升配电网的安全可靠运行水平和经济性。

（4）试点区域性控制保护技术。在配电网、微电网层面试点应用区域性控制保护装置，研究新能源及分布式电源接入对系统继电保护的影响，以及采用区域电网控制与保护技术的解决方案，配合一体化电网运行智能系统的推广应用进行相关配套改造，以提高设备自动化和电网智能化水平。

（5）提升数据融合分析应用能力。加强营销、调度系统数据融合，完善大数据业务支撑体系，建立满足配用电业务需求和性能指标的大数据体系架构，解决智能配用电大数据业务应用的关键技术问题。建设智能配用电大数据应用示范系统，提供智能配用电大数据典型业务应用功能模块，以及丰富的可视化组件库。

配网自动化技术路线

系统功能	终端配置模式	实现功能	实施范围	实施条件
自愈控制	智能分布式	快速恢复，自适应控制	A+、A类地区：高负荷密度、高可靠性要求、高运维水平区域	1. 光纤以太网；2. 强大的终端决策功能
拓扑优化网络重构	集中式	故障自动隔离自动恢复，网络优化，网络重构	A+、A类地区：核心区域，负荷密度高，网络拓扑结构复杂，设备运行条件良好，运维到位，通信可靠；B类地区：可根据实际需求采用集中型控制方案	1. 用光纤，局端可辅以无线通信，通信可靠性要求高；2. 主站搭配终端；3. 开关改弹簧操作机构；4. 加装TA，TV；5. 运维支撑：交通便利，运行条件良好，电池定期维护，厂家服务到位
自动隔离自动恢复　业务流程一体化	落地型重合器式	故障自动隔离自动恢复，故障处理信息上传，运检流程贯通	B、C、D类地区：一般城区，网络结构清晰，负荷发展相对稳定，设备免维护	1. 无需光纤覆盖；2. 电压时间型重合器终端；3. 开关改电磁操作机构；4. 加装双侧TV，预留TA；5. 免维护
SCADA 可观可测　自动定位	运行监测型	配电网可观可测，故障自动定位	B、C类地区：可考虑使用	1. 可采用光纤+无线通信方式，可靠性要求适中，满足在线率要求；2. 运行监控终端；3. 开关加装TV，TV
故障指示器	故障指示器	基本故障定位，自动工单下发	B、C、D类地区：可根据实际需求配置故障指示器；E类地区：供电可靠性要求较低，可采用故障指示器器型	1. 可采用无线+无线通信方式；2. 故障指示器

供电分区	终端类型	过渡技术方案	过渡通信方式	目标技术方案	目标通信方式
A+类	三遥	电缆：集中控制型、智能分布式就地馈线自动化	光纤专网	电缆：集中控制型、智能分布式就地馈线自动化	电缆：光纤专网
A类	三遥、二遥	电缆：集中控制型。架空：集中控制型为主，不具备可靠安全的通信条件时，可采用就地控制型	无线公（专）网、光纤专网	电缆：集中控制型、智能分布式就地馈线自动化。架空：集中控制型	"三遥"终端优先采用光纤通信，其余以光纤为主、无线公（专）网为辅
B类	三遥、二遥	电缆：集中控制型、就地控制型。架空：集中控制型、就地控制型	无线公（专）网、光纤专网	电缆/架空：集中控制型、就地控制型	"三遥"终端优先采用光纤通信，其余以光纤为主、无线公（专）网为辅
C类	二遥、三遥	电缆/架空：集中控制型、就地控制型，辅以故障定位	无线公（专）网	电缆/架空：集中控制型、就地控制型	无线公（专）网为主、光纤专网为辅
D类	二遥、一遥（故障指示器）	就地控制型，以故障自动定位为主的运行监视型，辅以故障指示器	无线公（专）网	就地控制型为主，特级城市采用集中控制型，辅以故障指示器	无线公（专）网
E类	二遥、一遥（故障指示器）	就地控制型，以故障自动定位为主的运行监视型，辅以故障指示器	无线公（专）网	就地控制型为主，辅以故障指示器	无线公（专）网

4. 重点任务 11：开展配电网柔性化建设

开展主动配电网、交直流混合配电网示范建设，提升配电网柔性化水平，提高配电网灵活性及适应性，满足分布式能源及多元负荷"即插即用"需求，实现"源—网—荷—储"高效互动，推动配电网实现由被动控制→主动控制→主动管理的转变。

（1）开展城市主动配电网示范工程建设。在分布式电源、多元化负荷发展较快，需求侧响应发展较好城市地区，建设主动配电网示范工程。利用先进量测技术，实现电网状态的主动感知、分布式电源和多元负荷的出力预测和分层分级自主协调控制，使系统能够灵活应对分布式电源、电动汽车等多元负荷的多样化接入需求。加强分布式电源、储能及多元负荷等设备并网标准化、模块化建设，支持"即插即用"与"双向传输"，实现对分布式电源、储能及多样性负荷的综合控制及配电网的有效管理。

（2）因地制宜开展交直流混合配电网示范工程建设。在中心城市高可靠性需求的供电区域，试点基于柔性环网开关设备（SNOP）的高可靠交直流混合配电网建设，提高配电网功率的可控性，减少开关变位操作所需时间，提高供电可靠性。选取光伏、风能或储能资源丰富的工业园区或工厂进行低压直流化改造，保障直流新能源、储能和负荷的灵活接入，形成低压层级的直流电网（"源—储—荷"整体直流化），可与更高电压等级的直流配电网或同电压等级的交流电网连接，可独立孤岛运行或交直流并列运行。在直流电源和负荷密集地区、短路电流超标地区等主要应用场景开展中低压柔性交直流混合配电网示范工程建设（见图 4-7），促进分布式能源的高效接入。

（3）提高配电网无功电压控制能力。应用基于电力电子技术的柔性设备，开展高电能质量示范工程建设，提高电压敏感用户的优质供电保障能力。可在变电站 10kV/20kV 母线上配置 SVG、TCR，分别补偿电压暂降、抑制母线电压抬升；在负荷低压侧敏感设备所接的馈线上配置 DVR 装置，补偿电压暂降情况下用户敏感设备的电压；对重要负荷所在馈线配置 SSTS，出现大幅值的电压跌落时，将负荷切换到另一条母线。

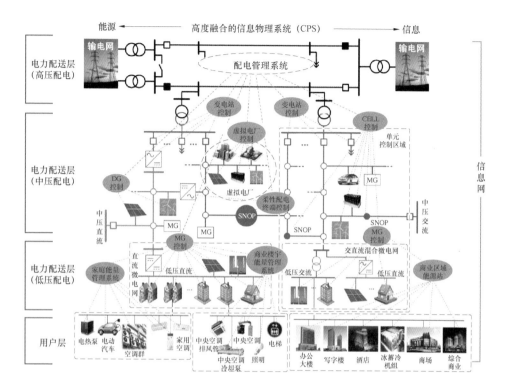

图 4-7 交直流混合配电网运行示意

主动配电网技术

主动配电网：综合控制分布式能源（分布式发电、柔性负载和储能），利用先进的信息、通信以及电力电子技术对规模化接入分布式能源的配电网实施主动管理，能够自主协调控制间歇式新能源与储能装置等分布式发电单元，积极消纳可再生能源并确保网络的安全经济运行。

建设效果：通过灵活的网络技术实现潮流的有效管理，分布式能源在其合理的监管环境和接入准则的基础上承担对系统一定的支撑作用。通过高度感知、高效互动、主动应对，提升配电网的安全可靠运行、分布式电源的合理配置以及电动汽车等多样化负荷参与电网调峰的能力。

技术特征：

（1）主动规划：综合考虑传统负荷、新型可调负荷参与电网友好互动、分布式电源发展、储能设施合理配置等手段，在规划层面上实现对分布式电源和多种负荷进行最大化的消纳与吸收。

（2）即插即用：通过主动配电网接口标准化建设，实现分布式电源、储能、多样负荷的标准和规范接入。同时，电网可通过自适应调整，有效应对分布式能源接入对电网带来的影响。

（3）"源—网—荷"全局优化：实现分布式电源—配电网—各类负荷之间的协调优化运行。负荷侧结合负荷分析预测，挖掘可控负荷（储能）资源；分布式能源合理优化发电计划；配电网根据电源、负荷情况，通过自动优化潮流等技术手段保证新能源消纳和系统的经济高效运行。

（4）自愈自适应：考虑应用配置优化自愈、快速网络重构、广域测控、故障控制技术的自动化体系，配电网具备状态感知能力，由被动维护转向主动管理，确保故障处理及时，提高供电可靠性。

5. 重点任务 12：推进微网建设

统筹利用区域分布式能源资源，因地制宜建设多模式微网，解决海岛和偏远地区供电问题，提高电网薄弱地区供电质量，提供高可靠性区域优质的电力服务。

（1）推进微网在不同应用场景的示范应用。在海岛和偏远地区，充分利用地方小水电、光伏发电、风电、沼气等可再生能源因地制宜构建离网型微网和并网型微网，满足电网末端或电网无法延伸供电地区负荷的用电需求，降低用能成本，提高资源使用效率。在新建工业园区，充分利用光伏发电、储能、冷热电联供系统，建设微网，为用户提供优质、可靠的差异化电力服务。

（2）提升储能技术装备和应用水平。按照微网系统容量，合理配置储能装置，配合燃气轮机或柴发等主力电源，支撑微网电压频率稳定，平抑间歇式新能源出力波动，提高微网电压质量和运行水平。

微 网 技 术

微网定义：由分布式电源、用电负荷、配电设施、监控和保护装置等组成的小型发配用电系统（必要时含储能装置）。微电网分为并网型微电网和独立型微电网，具备微型、清洁、自治、友好4个基本特征。

建设意义：微网基于局部配电网建设，其电源以可再生能源为主，或以天然气多联供等能源综合利用为目标的发电形式，通过实现风、光、天然气等各类分布式能源多能互补，具备较高的新能源电力接入比例，通过能量存储和优化配置，实现本地能源生产与用能负荷基本平衡。并网型微电网可再生能源装机容量与最大负荷的比值在50%以上，或能源综合利用效率在70%以上。微网通过对分布式电源的有效控制和管理，可减少大规模分布式电源接入对配电网运行造成的冲击。

（3）推进微网中央控制器的研发应用。利用先进量测技术，通过智慧能源管理系统对各类微电源的协调和控制，实现多种能源的优化利用、智能代理、分层分布式控制等功能，保障微网在并网和离网两种状态下安全、稳定、高效运行，提高系统运行可靠性和经济性。在并网状态下，可接受电网调度，在一定调节范围内调整联络线潮流，配合实现需求侧响应。在主网故障情况下，自主离网运行，保障重要负荷在一定时间内不间断供电。

6. 重点任务13：提升配电网装备水平

全面推进配电网装备标准化配置，带动上下游产业转型升级，实现配电网装备水平升级和节能降耗，保障电网安全可靠运行。

（1）开展配网设备全生命周期管理。科学设计配网设备运行状况的评价指标体系，加强配网设备全生命周期管理机制建设，统筹优化配网设备选型、建设和运维，延长配网设备寿命，提高运行效益。

（2）推进配电网装备标准化、序列化、简约化。优先选用小型化、无油化、少（免）维护、低损耗节能环保、具备可扩展功能的配电设备，优先选择高可靠性、小型化、紧凑型配电自动化终端，积极稳妥采用先进适用的新技术、新设备、新工艺、新材料。推行功能模块化、接口标准化，提高配电网设备通用性、互换性。

（3）提高电缆化率及架空线路绝缘化率。符合条件区域结合市政建设与景观需要，持续提升电缆覆盖水平；在树线矛盾严重地区以及城镇建筑密集地区，加强架空线路绝缘化改造。市政基础设施建设改造时，同步规划、同步设计、同步建设电力电缆和光缆通道，预留电力电缆和光缆管孔与位置。

（4）优化升级配电变压器。大力推进老旧配电变压器、高损配电变压器的升级改造，推广 S9、S11 型节能变压器的应用，并推动应用非晶合金铁芯变压器、超低损耗变压器等节能型变压器等新设备、新技术的应用；逐步淘汰 S7（S8）型高损耗变压器。

（5）更新改造配电网开关设备。推进开关设备智能化，提升配电网开关动作准确率。根据配电自动化发展需求推进开关设备更新改造，合理选用配电设备信息采集形式及终端类型，综合考虑终端布点优化配置。统筹考虑停电时间、施工安排等因素，对老旧油开关以及防误装置不完善、操作困难的开关设备进行重点升级改造。

（6）提升线路抵御自然灾害能力。采用加强型电杆、新型材料电杆、铜（铝）缆线路等措施，适度提升保底网架线路的防灾抗灾水平，提高配电网抵御自然灾害的能力。

四、重点领域四：多样互动的用电

互动用电是智能电网的最终应用环节。电力供需矛盾和节能环保形势严峻促使用能向互动、高效、智能的方式转变。移动互联时代用户多样化用电服务和降低用电成本需求、售电侧改革带来的能源服务方式创新和市场化同业竞争等因素促进了用电的不断发展，其基于互动的能源消费模式、用户主动参与的能源供给模式，将给能源利用和电网发展带来根本的变革。建设多样互动的用电，应以装置智能化、管理集约化、数据价值化为手段，广泛部署高级量测体系，建成全方位、立体化的服务互动平台，推动"互联网+"业务开展。推广电能替代、推动电动汽车基础设施建设，提高终端能源利用效率，推动建立完善需求响应机制，鼓励引导供需互动、节约高效的能源消费方式。围绕多样互动的用电领域建设，需要开展以下 6 个方面的重点任务。

1. 重点任务 14：广泛部署高级量测体系

广泛部署以智能电能表为基础的高级量测体系，提升计量装备水平；开展用电信息深度采集，满足智能用电和个性化客户服务需求。

（1）加快推进智能电能表等量测体系建设。结合电能表轮换周期，有序推进智能电能表等量测体系建设，满足基本用电计量，并为负荷精细化控制、线损精益化管理、电网末端低压电能质量监测分析、用户信息交互提供基础数据来源。试点非侵入负荷监测与分解，以支撑户内用电数据采集，提升用电信息采集覆盖范围及用电精益化管理水平。推进以双向方式将分布式电源、电动汽车、储能装置等用户侧设备接入电网，扩展电网可观测范围。

智能电能表辅助用户互动

实现智能电能表与居民用户互动的基础在于掌握用户户内的精细化用电数据，实现方式可以依靠微信服务号、手机 App 等"互联网+"技术手段（家电的远程实时控制同时需要依赖家庭能源管理系统来实现）。典型功能实现流程如下：

（1）采集智能电能表（融合非侵入式负荷监测与分解功能或装置）的家庭总表数据、分析得出的户内各类用电数据、电动汽车充电桩电能表数据、分布式电源发电数据，汇总于电网公司主站系统。

（2）利用微信服务号、手机 App 等"互联网+"技术手段，将用户的用电情况展现在手机、电脑、智能终端等设备上，同时提供精细化账单、用电分析与节能服务、家庭能效评估与优化、优质服务电费套餐、新能源发电预测等各类互动服务和电力增值服务功能。

（3）参与需求响应时，已部署家庭能源管理系统（智能家居或智能插座模式）的用户，可通过电力 App 与家庭能源管理系统的 App 接口，将所需调控的信息或建议展现在电力 App 上，并由用户选择是否推送到家庭能源管理系统来执行家电的远程控制；未部署家庭能源管理系统的用户，可将调控的信息或建议展现在电力 App 上，之后由用户手动去调节用电设备，以达到参与需求响应的目的。

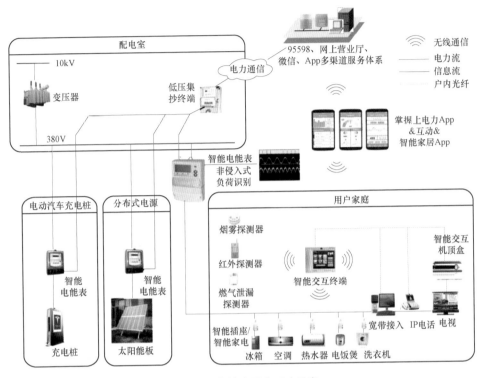

配电室
10kV
变压器
380V
低压集抄终端
电力通信
95598、网上营业厅、微信、App多渠道服务体系
无线通信
电力流
信息流
户内光纤
掌握上电力App＆互动＆智能家居App
智能电能表非侵入式负荷识别
电动汽车充电桩
智能电能表
充电桩
分布式电源
智能电能表
太阳能板
用户家庭
烟雾探测器
红外探测器
燃气泄漏探测器
智能交互终端
智能交互机顶盒
宽带接入 IP电话 电视
智能插座/智能家电
冰箱 空调 热水器 电饭煲 洗衣机

智能电能表辅助用户互动示意

（2）分类发展高级量测体系的户内网络部分。在工商业用户推广企业用能服务系统建设，采集客户数据并智能分析，为企业能效管理服务提供支撑。推广居民侧"互联网＋"家庭能源管理系统，实现关键用电信息、电价信息与居民共享，促进优化用电。

市场化条件下的高级计量技术

总体目标：探索市场化条件下的高级应用和相关衍生业务，谋划电能计量的发展方向和创新业务，提升高级量测技术实力与装备水平，充分发挥计量技术对电网公司主营业务的支撑作用，形成一批可复制、易推广的经验和做法，为开展市场营销创新夯实基础。

关键技术：市场化条件下的高级量测重点涉及六个方面的关键技术：基于能

源互联网的高级量测系统架构；非侵入式负荷监测及识别技术；智能交互电能计量技术研究及设备；低压本地通信技术；用户户内网络（HAN）技术；综合能源大数据集成与应用技术。

应用示范：通过项目示范促进研究成果应用，推动相关业务开展。示范内容主要包括8个方面："电、水、气"多表集抄示范应用；非侵入式负荷监测终端示范应用；计量自动化高级通信技术应用示范应用；计量自动化系统可视化业务展示及配套 App 示范应用；智能家居与智能小区示范应用；智能用电管理 App 示范应用；综合能源用能监测、能效分析与自动需求响应示范应用；电量跟踪分析预警系统示范应用。

2. 重点任务 15：推动智能家居与智能小区建设

结合高级量测体系建设，构建居民侧智能用电技术支撑体系，实现与用电设备之间的信息交互，推动智能家居与智能小区的技术发展。

（1）支撑智能家居与智能小区建设。开展家庭能源管理系统建设，构建起以智能配电盒和家庭能效管理系统为核心的家庭能效管理体系，支持用电设备的灵活安全接入、控制和能耗管理，提供高效节能、舒适安全的智能家居服务。积极参与制定智能家电、智能家居领域技术标准体系，探索与家电、互联网龙头企业在智能家居平台的业务合作模式，探索以市场化方式推进智能家居的普及应用。

家庭能源管理系统应用模式分类

家庭能源管理系统辅助实现对家用电器的控制，主要功能包括家电用电信息采集、与电网互动、家电控制、故障反馈、家电联动、不同级别的网络访问、数据存储、负荷敏感程度分类等。

（1）智能家居交互终端：将智能表计和可控电气设备联系在一起构成家庭侧智能化系统，其功能主要包括家庭能源管理、家庭安防、家庭缴费管理及智能家电控制等。智能家电控制可以视电网不同时段电价情况或客户自行需要进行设定，根据不同的电价信号进行负荷控制，促进科学合理用电。

（2）智能插座+传统家电：普通家用电器可通过智能插座实现用户和家用电

器的交互，了解电器用电情况，并达到远端控制电器的目的。功能包括：采集家电用电数据并上传；利用窄带电力线载波通信（power line communication，PLC）方式，对家电进行通断电控制；可由智能交互终端、采集主站、网络客户端、手机等介质对智能插座进行控制，进而控制家用电器。

（3）智能家电：智能型家电可直接接受智能交互终端的控制，用户可通过网络实时了解家电的用电情况和工作模式，并通过智能交互终端或网络对家电实施控制。实现的功能包括：采集家电用电数据并进行上传；由智能交互终端发起控制命令，对家电的各项功能进行远程操作和管理；可由智能交互终端、电力公司采集主站、网络客户端、手机等方式对特定家电进行控制。

（2）试点智能用电增值服务及社区主站建设。在条件具备的新建小区可试点电力光纤入户，为"三网融合"、水电气集抄提供基础通道资源；试点智能小区的社区主站系统建设，作为电网公司与末端用户的中枢，为用户的智能家居交互终端提供信息双向互动及需求侧管理支持。

3. 重点任务 16：打造全方位客户服务互动平台

打造全方位、多层次、立体式的客户互动服务平台。推进 95598、网上营业厅、实体营业厅等多渠道数据的统一与融合，实现一套数据多方应用；通过个人电脑、智能交互终端、手机等设备，利用门户网站、移动端 App、微信等多种途径为客户提供灵活、多样、友好的交互方式，实现与客户的现场和远程互动，为用户提供用电、节能、需求响应等方面的个性化服务。

（1）推进多渠道客户数据的统一与融合。建设融合 95598、网上营业厅、微信营业厅、实体营业厅及其他社会化渠道的统一渠道平台。推进多渠道的数据统一与融合，细分数据来源与共享范围，逐步实现客户数据的横向共享和纵向贯通。

（2）全面提升平台与客户互动服务能力。重点加强平台公共服务能力和客户交互水平，为用户提供智能化、多样化的优质服务。推行"互联网+电力服务"，按"统一服务品牌、统一客户权限、统一服务功能、统一后台管理"的思路，完成全网统一客户互动服务平台、手机营业厅 App 和微信服务号建设，整合电网公司服务资源。加强各种远程渠道之间的关联协调机制，建立远程服务统一支撑平台。探索电网移动互联网金融支付体系建设，提升电费收缴便捷性与现金流流通强度。

（3）推进实体营业厅向客户体验厅转型。以电网公司远程渠道的发展及业务办理方式转型为契机，优化实体营业厅布点，升级实体营业厅功能，推动从业务办理功能向客户体验远程渠道功能转型，引导客户业务办理习惯，提高远程服务比例。

（4）适时开展用户精细化账单、用电分析与节能服务等多样化电力增值服务。基于营销管理系统、计量自动化系统，加强基于用电信息和客户服务信息的大数据应用，拓展无人值守式自助服务，实现用电行为分析、用户能耗分析、信用风险评价、用电方案优化等功能。依托统一渠道平台试点开展电力客户增值服务，通过网上营业厅、手机 App、微信等多种交互渠道为用户提供精细化账单、用电分析与节能服务、家庭能效评估与优化、企业能源测评、优质服务电费套餐等多样化服务。

4. 重点任务 17：积极推动需求侧管理

推动需求侧管理平台应用，建立完善需求侧响应机制，引导非生产性空调负荷、工业负荷等柔性负荷主动参与需求响应，探索灵活多样的市场化需求响应交易模式，在具备条件的地区开展需求响应试点。

（1）有序推广需求侧管理平台应用。构建网级集中的电力需求侧管理平台，加强与用户电能管理系统和负荷集成商负荷控制服务平台的信息交互，实现信息发布、数据统计、需求响应指标的下达和核算等。

（2）探索灵活多样的市场化需求响应交易模式。建立健全需求响应机制和交易规则，鼓励用户、售电商、增量配电运营商、储能及微电网运营商等市场主体参与需求响应。支持建立市场机制，推动特许权招标形式定价调峰资源。支持不同主体拓展需求侧响应服务公司业务，统筹资源代理客户投标需求侧响应，推动需求侧响应资源的开发利用。

（3）分类实施需求响应项目。针对主要城市空调、热负荷等柔性负荷，积极试点需求侧响应机制。针对工业负荷，广泛部署企业用能管理服务系统，积极试点负荷精细化建模、柔性负荷调控、用户侧储能及智能互动等需求侧响应机制。在城市空调负荷集中，且建筑物具备一定空间条件的区域推广冰蓄冷、水蓄冷技术。

5. 重点任务 18：加快电动汽车充电基础设施建设

加强充电基础设施配套电网建设与改造，重点建设城市公共充电网、城际快速充电网络、系统内部充电基础实施以及公共服务领域等四大领域设施，同步推进电动汽车智能充电服务平台建设，推进电动汽车充放电行为的有序管理，实现错峰充放电。拓展车联网等信息服务新领域，依托智能充电服务平台开展广告推送、车位分享、汽车租赁、车辆保养保险等附加增值服务。

（1）加强充电基础设施配套电网建设与改造。编制电动汽车充电基础设施发展规划，加强规划衔接，做好充电基础设施配套电网建设与改造。积极推进电网业扩界面延伸，保障各类充电基础设施的用电需求。

（2）推进电动汽车充电设施建设及运营。按照"从系统内到系统外，从公共领域到私车领域，从城内到城际，从城市中心到边缘，从优先发展区域向一般区域逐步推进"的原则，分类有序建设充电基础设施。通过集中式充电站（城市核心区域公共停车场、交通枢纽、文体场馆等）与分散式充电桩（商场、酒店、写字楼配套停车场等）并举，构建完善的城市公共充电服务网络。与公交、出租、物流、环卫等运营单位合作开展公共服务领域配套充电基础设施建设运营工作。

（3）同步建设电动汽车智能充电服务平台。积极实践"互联网+充电基础设施"，创新建设运营模式，建设电动汽车智能充电服务平台，促进电动汽车充电网络数据信息与配网信息交互，实现电动汽车用电信息全覆盖采集。结合各类充电设施在不同场景下的用电需求，研究有序充放电策略、有效调峰手段以及保证电能质量技术措施，优化提升配电网供电能力，提升运营效率和效益。

（4）探索电动汽车与电网双向互动。探索电动汽车在有序充电条件下实现商业运行的技术条件及运营模式。结合电动汽车智能服务平台，探索电网智能充放电控制策略，推动制定合理的电价激励政策，有效引导车主自主响应参与V2G。在重点城市的工业园区、智慧园区、综合能源示范区内开展电动汽车V2G参与电网调峰互动技术研发和示范。

6. 重点任务19：大力推广电能替代

因地制宜推广各类电能替代技术，提高终端能源消费的电能占比，推动电能替代常态化、规范化运行。

（1）引导社会广泛参与。细分客户个性化用能需求，挖掘替代潜力，推广实施电能替代各类技术。制定电能替代电量指标，联合政府出台电能替代支持政策，遴选供应商推动电能替代技术应用。在电网系统内示范化、标准化推广应用电磁厨房，促进用户企业开展电磁厨具改造项目。

（2）分领域开展电能替代。重点实施电锅炉、热泵、电蓄冷空调、电窑炉、船舶岸电、电磁厨房、电动汽车、机场桥载设备替代飞机 APU、电制茶/电烤烟等 9 类电能替代技术。

1）生产制造领域：在陶瓷、岩棉、微晶玻璃、铸造等行业推广电窑炉改造；推广电制茶、电烤烟、电烤槟榔等生产方式；在生产工艺需要热水（蒸汽）的各类行业，逐步推进电锅炉应用。

2）交通运输领域：加速引领各省区电动汽车充换电基础设施建设；在各大中型城市机场推行机场桥载设备替代飞机 APU，推动机场运行车辆和装备"油改电"；在沿海、沿江、沿河的港口城市推广靠港船舶使用岸电和电驱动货物装卸。

3）电力供应与消费领域：在居民生活、工厂食堂和餐饮服务等领域推行电磁厨房改造；在城市大型商场、写字楼、学校、医院、酒店和机场等大型用能单位推广电锅炉、热泵、电蓄冷空调替代传统供能设备。

五、重点领域五：智慧能源与能源互联网

信息通信技术、互联网理念等与能源的深度融合，推动着智慧能源和能源互联网新模式和新业态的兴起。智慧能源和能源互联网对提高清洁能源比重、提高能源利用效率、推动我国能源革命等方面有着重大作用，应着眼能源产业全局和长远发展需求，加强互联网技术与能源市场深度融合，促进智慧能源和能源互联网发展，推动构建多能协同、信息对称、开放共享的能源互联网体系。同时，电网企业应积极拓展业务范围、创新经营理念，开拓以电网企业为主导的综合能源服务商业模式，全方位参与市场竞争，打造具有独特竞争力的新型综合能源服务商，创新电网企业价值。围绕智慧能源与能源互联网领域建设，需要开展以下 3 个方面的重点任务。

1. 重点任务 20：加大推进综合能源服务业务

与传统售电业务相比，综合能源服务的能源提供方式和服务方式更加多元化。开展综合能源服务业务既可提高供电质量，提升能源利用效率，又能改善电网企业在供应市场竞争中的地位，激发电网企业活力，所以电网企业应构建以能效为核心的综合能源服务体系，开展咨询、设计、建设、运营、供能、节能等全业务链服务，打造具有独特竞争力的新型综合能源服务商，创新电网企业价值，促进电网企业转型升级。

（1）以电网企业为主导，开展综合能源服务。发挥电网企业在用电服务

领域的天然优势，拓展用电、用能综合一体化服务，在城市负荷密集区、建设条件好的工业园区和开发区开展园区综合供能及能源托管；推进医院、金融城、酒店、通信等重点领域节能服务示范项目开发。开展分布式能源系统和网络的咨询、设计、建设、运营、节能、优化用能等多元化服务业务，顺应配售电改革方向，拓展"竞争性售电+综合能源服务"业务模式，提升市场竞争力。推进工商业用户企业用能管理服务系统和终端部署，采集企业用能信息，为企业提供节能诊断服务和差异化的能源产品，以食品饮料、陶瓷、线路板行业为试点，分行业推广综合能源解决方案，为客户提供增值服务。

（2）推进分布式储能技术应用。开展分布式储能与分布式电源、可控负荷协调控制的应用。促进电动汽车废旧电池在用户侧能源管理、梯级储能电站建设等方面的应用，参与电网的削峰填谷运行控制，实现动力电池的梯次利用。

（3）创新综合信息增值服务。依托智能用电服务平台、电动汽车智能充电服务平台及电力光纤资源等，分析用户用电行为，掌握用户用电习惯，提供针对性、差异化的能源商品和服务方案，开展能源套餐、需求侧响应、能效分析、能源大数据信息、车联网信息、资讯查阅、产品广告、金融营销等增值服务，不断延伸业务领域，提升电力服务附加值。完善用户档案，挖掘和分析用电数据，精细化掌握用电趋势。

2. 重点任务21：促进智慧能源发展

以智能电网为基础，推进综合能源网络基础设施建设，加强多种类型网络互联互通，促进能源与信息通信基础设施深度融合，支撑电、冷、热、气、氢等多种能源形态灵活转化、高效存储、智能协同，提高能源的综合利用效率。

（1）推进综合能源网络基础设施建设。建设以智能电网为基础，与热力管网、天然气管网、交通网络等多种类型网络互联互通，多种能源形态协同转化、集中式与分布式能源协调运行的综合能源网络，支撑电、冷、热、气、氢等多种能源形态灵活转化、高效存储、智能协同。在新城镇、新产业园区、新建大型公用设施（机场、车站、医院、学校等）、商务区和海岛地区等新增用能区域，开展终端供能系统一体化示范工程建设，促进能源的协同互补和梯级利用。积极支持配合政府统筹电力、燃气、热力、供冷、供水管廊等基础设施，科学合理配置空间资源，科学编制地下综合管廊专项规划，按照先规划、后建设的原则，电力舱按照电网远景规划一次建成，有序推进电力管线入廊，新建电力管线与综合管廊同步规划、同步调整、同步实施，保障变电站站址和线路廊道规划落地。

（2）推动能源与信息通信基础设施深度融合。发展能源互联网的智能终端高级量测系统及其配套设备，推进能源网络与物联网之间信息设施的连接与深度融合，因地制宜推进电力光纤到户，实现基础设施的共享复用，完善能源互联网信息通信系统。实现能源领域多表合一，促进水、气、热、电的远程自动集采集抄、实时计量、信息交互与主动控制，促进智能终端机接入设施的普及应用。

（3）推进多能互补系统智能化调控。建设智能化调控体系，以"集中调控、分布自治、远程协作"为特征，实现能源互联网的快速响应与精确控制，进而综合不同能源系统负荷特性，实现系统间互补运行、高效协同，提高能源的综合利用效率。

多能互补能源系统

多能互补能源系统是指通过电、热、冷、气等各类型能源的互动与耦合，统筹能源多种能源生产、传输、储存和利用，实现不同能源特点进行综合互补利用，提高能源系统利用效率。该系统主要有两种模式：

（1）面向终端用户电、热、冷、气等多种用能需求，因地制宜、统筹开发、互补利用传统能源和新能源，优化布局建设一体化集成供能基础设施，通过冷热电三联供、分布式可再生能源和能源智能微网等方式，实现多能协同供应和能源综合梯级利用。

（2）利用大型综合能源基地风能、太阳能、水能、煤炭、天然气等资源组合优势，推进风光水火储多能互补系统建设运行。

3. 重点任务 22：构建开放共享的能源互联网生态体系

以"互联网+"智慧能源的建设理念，提升大众参与程度，营造开放包容、合作共赢的创新环境，推动多能互补能源网络的互联互通，支持能源大数据集成与共享、商业模式创新，合力推动构建信息对称、开放共享的能源互联网体系。

（1）促进能源大数据集成与共享。以电力大数据为基础，拓展能源大数据范围，逐步覆盖煤、石油、天然气等能源领域，实现多领域能源大数据的集成融合，为能源研究决策提供数据支撑，为政府部门、企事业单位及公众提供能源大数据共享服务。

（2）推动多能互补能源网络的互联互通。以电能为纽带，以互联网技术为支撑，推动多能互补区域能源网络的互联互通，实现与能源用户的双向互动，通过电力调度运行和多种能源的协调配合，提供广域范围的基础能源保障，实现能源高效传输、资源优化互补配置。

（3）促进能源互联网商业模式创新。推动基于 B2B、B2C、C2B、C2C、O2O 等多种形态的能源互联网商业模式创新。促进能源领域跨行业的信息共享与业务交融，推动能源云服务等新型商业模式。支持面向分布式能源的众筹、PPP 等多样化投融资手段。

能 源 互 联 网

能源互联网概念是经济学家杰里米·里夫金在其著作《第三次工业革命》中提出的，其内涵主要是：通过互联网技术与可再生能源相融合，将全球的电力网变为能源共享网络，使亿万人能够在家中、办公室、工厂生产可再生能源并与他人分享。这个共享网络的工作原理类似于互联网，分散型可再生能源可以跨越国界自由流动，正如信息在互联网上自由流动一样，每个自行发电者都将成为遍布整个大陆的、没有界限的绿色电力网络中的节点。

（1）能源互联网发展的三种模式为：

1）用互联网的理念发展能源网。主要思想是开放、共享，人人都是产销者，如大力发展分布式能源、主动配电网、区域能源网络、微网等，实现能源网的开放、共享。

2）用互联网的技术促进能源网的发展。主要思想是利用"云、大、物、移、智"技术实现能源信息化，开展网上交易和金融，实现网上互动和服务。

3）能源网解耦，实现完全的开放、自治、互联。主要思想是发展能量路由器，以互联为最终目的，实现粉丝经济。

（2）信息互联网与能源互联网的差异：信息互联网侧重于分享，能源互联网侧重于消费。在生产成本方面，信息互联网单位生产和复制的边际成本非常低，并且是可再生的；能源互联网单位生产成本高，复制困难、不可再生。存储成本方面，信息互联网单位存储成本非常低，能源互联网单位储能成本高。路由控制方面，信息互联网是 IP 寻址，是可路由的；能源互联网在现有技术条件下潮流控制困难。传输成本方面，信息互联网传输成本非常低，能源互联网单位传输成本高。需求增长方面，信息互联网需求增长是指数级的，而能源互联网需求增长是线性的。因此，近期能源互联网的发展主要还是在用互联网的理念和信息技术促进能源网的发展，即"互联网+"的模式。

六、重点领域六：全面贯通的通信网络

全面贯通的通信网络，保证了各类电力通信业务的安全性、实时性、准确性和可靠性要求，是推进电力行业发展的重要基础设施，应加强信息通信基础设施建设，构建大容量、安全可靠的光纤骨干通信网，采用多种手段构建泛在的配电通信接入网，保障电网安全稳定、灵活可靠运行，满足现代能源体系建设的信息交互需要。围绕全面贯通的通信网络领域建设，需要开展以下 4 个方面的重点任务。

1. 重点任务 23：建设全光骨干通信网络

加强电力通信光缆覆盖，优化电力通信网络架构，建设"广域覆盖、高速宽带、安全可靠、适度超前、技术先进"的电力通信网，满足智能电网通信需求。

（1）提升光纤通信网覆盖水平。进一步加强 35kV 及以上变电站、自有物业的供电所/营业所的光缆建设，实现 35kV 及以上厂站、供电所/营业所、调度机构、办公大楼等生产、办公场所光纤通信网络全覆盖。总调、中调、地调、异地容灾中心不少于 3 条以上独立的光缆路由；县调、110kV 及以上电压等级厂站不少于 2 条独立的光缆路由。

（2）优化电力通信网络结构。结合基建工程新建线路完善光缆通道，优化通信网络结构，通信骨干网由链状网、环状网向网状网发展，提高通信网络可靠性。改造缺陷及瓶颈光缆；开展完善覆盖及网络结构优化光缆改造；对达到运行年限的光缆进行改造；完成防风抗冰等应急光缆建设。

（3）建设大容量主干 OTN 光传输网。采用 40×100G 或者 80×10G OTN 系统，建设覆盖电网公司总调、备调、各中调、各分（子）公司本部以及满足

网络组网所需的其他 500kV 变电站节点的大容量主干 OTN 光传输网，满足智能电网对大容量信息交互的需求。

（4）建设完善网、省、地传输网双平面。实现网、省、地三级 10G 传输网双平面，网、省两级采用 OTN、MSTP、ASON 技术，地市采用 MSTP/SDH 技术，全网 110kV 及以上变电站实现传输网双平面覆盖；解决网络结构不合理、骨干环容量不足、设备大规模到期等问题；解决部分地区传输网设备运行状况差或设备到期的问题。

2. 重点任务 24：建设全面覆盖的接入网

加强配电网光缆覆盖，充分利用公网通信资源，建设"经济灵活、双向实时、安全可靠、全方位覆盖"的配用电通信网络，有效支撑配电自动化遥控可靠动作和用电信息采集业务，加强电网运行监测、控制能力，实现配电网可观可控。

（1）加强配电通信网建设。坚持一、二次协调，同步建设配电通信光缆。中心城区加强中压配电通信网光纤建设，在电缆工程中同步敷设光缆或在电缆工程中同步预留光缆专用管孔；城镇及乡村地区配电通信网主要采用无线、载波通信方式；严控无线专网通信项目建设，原则上不再新增无线专网试点区域，加强已建无线专网试点区域的业务应用。充分利用公网通信资源，形成智能用电通信网络全覆盖。

（2）实现电力通信网向末端用户延伸。统筹利用电力光缆资源，采用工业以太网或无源光网络技术建设终端通信网，覆盖开关站、重要环网柜、电缆分支箱等配电节点。实现传统电力通信网向分布式电源、电动汽车、智能用电设备等末端用户延伸，满足智能电网对大量分散数据的采集、传输需求。

（3）加强无线公网通信的管理。建设无线公网通信资源综合管理平台，加快无线公网通信终端的技术升级，强化无线公网接入电力网络的安全防护措施，实现无线公网通信终端在线情况、信号强度、流量、资费等信息的远程实时监管和统计分析，有效提高公网的通信运行水平。

（4）加强配电通信网通信光缆及设备的运行管理。建设运行管控系统配网模块，通过与地理信息系统（GIS）平台的对接，实现通配电通信网信资源的 GIS 管理、资源管理、综合告警和电子化运维等功能。

3. 重点任务 25：建设可靠高效数据通信网络

构建网、省及部分试点地市的调度数据网双平面覆盖，优化网络结构和组网带宽；采用骨干综合数据网、地区综合数据网两级网络架构，建设完善"扁平化"综合数据网，满足业务系统数据大集中和云计算虚拟化服务发展要求。

（1）提升调度数据网覆盖水平，优化网络结构。建设实现全网调度数据网 110kV 及以上站点的全覆盖；建设完善现有各级调度数据网结构，调整扩容核心汇聚层平面结构；完成完善网管系统及流量控制系统；对运行工况差、频繁出现缺陷、运行年限到期的设备进行更换改造。

（2）建设完善调度数据网双平面。改造调度数据网 B 平面，对到期设备进行更换，调整网络结构和组网带宽；建设省、试点地市调度数据网 B 平面，实现各省级调度数据网、部分试点地市调度数据网双平面覆盖，为承载业务提供网络级别的冗余保证。

（3）建设完善"扁平化"综合数据网。建设完善骨干综合数据网、地区综合数据网二级架构的综合数据网，实现全网 110kV 及以上电压等级厂站、供电所/营业所等公司生产和办公场所的综合数据网全覆盖。骨干综合数据网覆盖电网公司本部、各个分子公司及二级单位、异地容灾、公司本部及各省备调、容灾中心、地区供电局本部；地区局综合数据网包含地区局本部、地区局二级单位、变电站、供电所、营业厅。建设完善骨干综合数据网万兆升级；优化改造综合数据网结构，调整扩容综合数据网核心汇聚层平面结构；更换改造缺陷和到期设备；建设完善流量监控系统。

4. 重点任务 26：建设完善的应急通信体系

采用天地一体、分级组网的架构建设电网应急通信体系，实现全网卫星通信系统的互联互通、资源共享，确保突发情况下应急指挥的通信畅通，提高电网的防灾抗灾的通信能力。

（1）建设完善的通信应急系统。以卫星通信技术为主，结合多种无线、有线通信技术，建设专网资源与公众资源相结合的电力应急指挥通信系统，如图 4-8 所示。

1）天空：以 VSAT 卫星通信为主，实现语音、数据、视频的实时远距离传输；兼顾海事卫星、北斗卫星等，满足紧急情况下卫星电话、卫星导航定位和短报文通信需求。

2）地面：各级应急指挥中心，以电力地面通信网络为主，兼有公网 PSTN、互联网、移动通信等，实现电网各级指挥中心之间多种形式（包括电

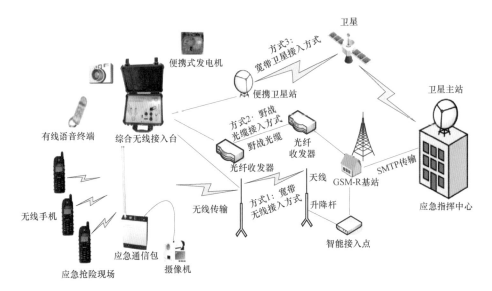

图 4-8 应急通信体系示意

话、多方通话、图像、视频会议等）的通信；应急灾害现场，根据现场实际
情况，选择性配置应急指挥/通信车、卫星电话、BGAN、单兵图传、北斗导
航、卫星便携站、数字集群等多种现场应急手段，实现灾害现场与后方指挥中
心的信息互通。

（2）提升应急装备水平。新增必要应急通信装备，有选择性地配置应急
指挥/通信车、卫星电话、BGAN、单兵图传、北斗导航、卫星便携站、数字集
群等多种现场应急手段，完成现有缺陷设备的改造。

（3）加强资源整合、实现资源共享和综合应用。按照"统一网管、统一
卫星、集中调度"的思路整合，实现 VSAT 卫星系统的频率、带宽、装备等资
源共享；按照"集中部署、分级使用"的模式推进应急通信综合应用平台的
建设和完善，提高电网应急通信的综合应用水平。

七、重点领域七：高效互动的调度及控制体系

随着电网规模的不断扩大和电网复杂程度的不断增加，电力系统调度及控
制体系的作用愈加凸显，已成为保障电网安全稳定运行不可或缺的支撑系统，
是智能电网建设的重要内容。为实现高效互动的调度及控制，应全面建设一体
化电网运行智能系统，巩固安全稳定三道防线，建立健全市场化环境下的调度

运行机制，完善全网安全预警、协调控制体系，提高驾驭复杂大电网的能力及大范围可再生能源的消纳能力。围绕高效互动的调度及控制体系建设，需要开展以下两个方面的重点任务。

1. 重点任务27：建设智能调度技术支持系统

建成架构统一的一体化电网运行智能系统，如图4-9所示，实现网、省、地各级主站系统和主站系统以及厂站系统间的纵向协同；构建适应可再生能源发展的协调调控机制，提高大范围可再生能源消纳能力；建立健全市场化环境下的调度运行机制，实现调度与市场交易的有效衔接，支持电力市场运行。

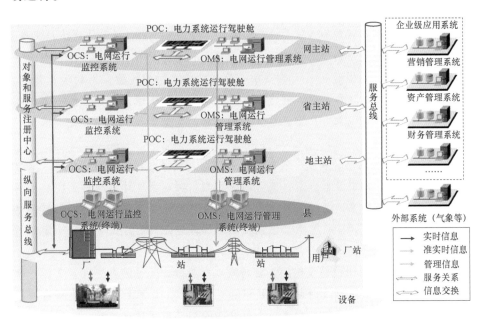

图4-9 一体化电网运行智能系统总体架构

（1）推进各级调度主站系统的一体化电网运行智能系统智能化升级改造。在各级调度机构建设运行驾驶舱（POC）、运行控制系统（OCS）、运行管理系统（OMS）、基础资源平台（BRP）、镜像系统（MTT）等五大功能，整合各类运行监测数据，强化各类运行控制和管理功能，实现发电、输电、配电、用电"集中监视、集中控制"，支持电力调度对各类市场主体的运行监测，提高电网运行监控功能的安全性和效率。开展网级基于云平台和运行大数据中心的一体化电网运行智能系统镜像系统研究与建设。开展适应电力市场发展的一体化电网运行智能系统功能模块升级改造，完善对电力交易的安全校核功能和阻塞管理相关功能。

智能调度关键技术

基于云平台和运行大数据中心的一体化电网运行智能系统——镜像系统（MIT）是一个完整、独立运行的系统，它提供主系统的镜像，并在此基础上构建系统开发测试、运行仿真、防灾演练等各类综合性应用。其技术架构、功能配置等应与一体化电网运行智能系统主站系统基本一致。其功能包括系统镜像与同步、系统测试仿真、专业培训等。镜像系统规模庞大，需部署在云平台上，采用云平台集群方式部署，并通过运行大数据中心发布的方式构建镜像应用的运行环境。镜像系统宜采用网省两级配置。网级镜像系统能够完整镜像网省地三级一体化电网运行智能系统主站及部分厂站，各省级镜像系统镜像省地两级一体化电网运行智能系统主站及部分厂站。

（1）多时间尺度有功调度。依据"多级协调、逐级细化"的调度模式，结合新能源功率预测，建立日前计划、滚动调度计划、实施调度计划和矫正控制协调的多时间尺度调度体系，长时间尺度调度计划为短时间尺度调度计划提供基础参考，短时间尺度调度消除长时间尺度调度产生的偏差，更好地促进可再生能源的消纳。

（2）安全稳定协调控制系统。主要功能包括实时计算每回直流可紧急提升的功率，当发生直流故障时，由直流子站识别直流故障，计算对应直流故障后的损失功率，频率紧急协调控制总站结合当前电网的交流断面运行工况、抽蓄运行状态以及可控负荷容量等信息，按照优先调制直流，其次控制抽水蓄能电站水泵，最后精准负荷控制的顺序进行可控资源的协调控制。

（3）交直流混联电网连锁故障主动防御系统。在控制保护专用网的架构基础上，增强电网设备停运风险的监控能力。通过监视设备的实时停运状态对电网可能出现的连锁故障风险进行分析，提出辅助决策信息；在连锁故障发展的慢速过程中，对连锁故障提供防御决策支持；同时建立连锁故障路径，利用大事件识别技术，实时匹配故障发生路径，制定阻断连锁故障蔓延的主动防御策略。

（2）提升电网实时分析应用水平。电网公司调度主站与信息系统、电能计量自动化系统、GIS 系统实现横向互联互通。构建电网运行云计算中心，推动全网统一建模、海量运行数据整合与应用，支撑全过程安全校核、阻塞管理等市场化改革新需求。试点基于阻塞分析的输电线路动态增容系统，应用在线安全稳定分析和超短期预测技术，识别可能需要增容的线路；统筹考虑导线状态、微气象条件等测量数据，将导线允许载流量的实时计算和在线安全稳定分析结合，确定未来一段时间满足安全稳定约束的增容容量，提高线路输送容量。

（3）加强可再生能源出力预测和调度控制。建设网级中小水电、新能源信息平台和数值天气预报中心，加强可再生能源功率短期功率预测和超短期功率预测，提升可再生能源出力预测精度。建立计及可再生能源发电的多时间尺度调度计划，升级改造调度自动化系统，提高可再生能源消纳水平。对于区域内新能源装机容量超过 100 万 kW 以上地区，应在中调系统建设新能源功率预测模块。探索建立跨区域统一协调调度模式，突破省间壁垒，加强联络线关口调度配合，实现各省间调峰裕度和资源优势互补，最大限度地发挥区域电网的优势，在更大范围内消纳可再生能源。

（4）完善标准规范体系，实现调度系统与交易系统的交互。完善支撑电力市场交易计划的安全校核和阻塞管理相关技术标准及规范，实现调度系统与电力市场交易系统的交互，接收电力交易机构的交易计划，向交易机构提供安全约束条件和基础数据，进行安全校核，形成调度计划并执行。

2. 重点任务 28：提升优化系统控制保护水平

规范保护设备选型和配置原则，落实反事故措施，提高设备健康水平，推进装置整合、智能变电站、广域控制保护等技术应用。着力巩固电力系统第二、三道防线，不断优化完善电网安全稳定控制手段，提高驾驭复杂大电网的能力，确保电网安全稳定运行；提高交直流混联电网的安全防御能力；提升安全自动专业精益化管理水平。

（1）开展保护主站系统建设。按照"到期改造、标准化和模块化建设"的原则，依据电网一次系统发展需要及业务需求，遵循一体化电网运行智能系统标准规范及标准化设计指南的要求，分期开展所需功能模块的标准化、模块化建设。在 110kV 及以上变电站加装保护及故障信息子站，建立完善的"中调主站—地调主站—子站"的系统结构，完成地调保护及故障信息分站的全覆盖。

（2）推广完善主站端整定计算程序。实现电网整定计算数据一体化管理，规范新能源接入系统整定计算工作，支撑新能源广泛接入需要。推广远方修改继电保护定值等远方控制模式应用。试点区域控制保护装置，配合一体化电网运行智能系统推广应用进行相关配套改造以提高设备自动化和电网智能化水平。

（3）完善电网二、三道防线建设。结合一次网架规划，按照分层分区配置、局部电网服从全网、低压电网服从高压电网的原则优化、简化电网安全稳定控制策略。根据电网建设同步调整电网失步解列及频率紧急控制策略，保障电网安全稳定运行。落实反事故措施，开展安全自动装置的适应性改造，逐年更换在运的超期服役装置，提高设备健康水平，降低设备运行风险。推进安全自动装置的标准化工作，优化二次接线。

（4）完善安全稳定控制管理主站功能，构建基本完善的网省两级综合防御功能模块体系。按照一体化电网运行智能系统"一体化、模块化、智能化"的原则建设完善安全稳定控制管理主站功能模块，整合在安全稳定综合防御系统现有在线安全评估功能，推动日计划安全评估、日内趋势分析等核心功能建设，实现日前计划评估、日内态势预测、在线形势评估、事后研究调度运行全过程的安全防御，提高系统应对连锁故障、系统性故障的能力。

（5）开展多回直流协调控制系统研究及应用。结合直流工程建设及电网运行需要，开展多直流协调控制方法和系统方案研究，探索多回直流、抽水蓄能电站、可控负荷等灵活性资源协调控制的可行性；适时开展多直流协调控制系统试点工程建设，发挥多直流协调控制系统功率调制灵活方便、协调能力强的优势，提升电网的稳定性、输送能力及新能源消纳能力。

（6）积极推进安稳控制新技术的研究与应用。推进广域失步解列及暂稳预警控制技术应用，提升主网关键断面失步解列措施的协调配合，提高失步解列动作快速性，提高电网在极端严重故障下的安全稳定性和抵御大面积停电事故能力。研究应用基于大数据技术的大电网稳定态势量化评估与自适应防控关键技术。完善一体化电网运行智能系统相应功能模块，在厂站端部署监测和控制子站及执行站，探索故障在线决策等功能的可行性，提高全网在线优化运行、协调调控能力及智能决策水平。

八、重点领域八：集成共享的信息平台

随着电网生产、传输、消费等各环节智能化水平的不断提高，各类电力数

据和信息形成了爆发式增长，产生了海量信息，构建集成共享的信息平台，合理运用"云、大、物、移、智"等新技术，通过有效的整合与分析，实现数据的有效贯通，是实现电网现代化管理的关键环节，应以电网现有信息系统、调度技术支持系统、数据中心（含海量数据平台）和 GIS 平台等为基础，开展电网全方位、全过程的数字化建设，推进电网规划、建设、运行、检修、服务等生产过程的数字化、动态仿真、分析评估、辅助决策，实现数据的全面贯通、集成共享与全景展示，挖掘信息和数据资源价值，提升电网精益管理、精细服务、智能决策支撑能力。围绕集成共享的信息平台领域建设，需要开展以下两个方面的重点任务。

1. 重点任务 29：建设数字电网平台

着力推进电网全方位、全过程的数字化建设，在全网统一的技术架构、标准规范和安全防护的基础上，构建覆盖规划、建设、运行、检修、服务等领域的数字电网平台，推进生产过程模拟、智能决策，实现电网过去、现在、未来全时空、多维度仿真、计算、分析及辅助决策，支撑电网动态分析评价和动态优化调整，以及电网主要经营管理、生产运行等各业务系统数据资源的全面贯通、集成共享与全景展示。加强智能决策支撑能力建设，推进电网大数据分析应用服务，对内促进电网规划建设、设备管理和决策支持的精益化，对外支持竞争性业务发展、全方位客户服务。

数字电网平台的定义、架构及建设规模

1. 数字电网平台定义

采用现代信息技术和电网仿真技术，构建电网及生产过程的数字化仿真平台，通过对电网全景及生产全过程数据的全面采集和深度挖掘，实现对电网生产运营全方位、全过程的动态感知、分析评估与辅助决策，支持基于 GIS 的全景展示，为公司各业务部门提供全面的数据和决策支撑。

2. 平台架构

数字电网平台架构图如下图所示。其中，数据采集层依据平台定义的规范，通过数据服务、数据接口等方式，抽取来自电网相关信息系统的营销、生产、基建、规划、物资等基础数据，以及调度、配电、计量等电网运行实时数据，并根据平台需要建立相应的数据采集系统；数据存储层通过分布式存储等技术，实现对电网全生命周期、全电压等级的时空模型数据、二/三维地理信息数据、音视频数据、监测数据、业务数据等数据的高性能存储与访问；数据管理层支撑电网模型管理、数据资产运维与元数据管理等功能，并对数字电网高级应用、其他应用系统和下级平台提供数据分析与共享服务；仿真与分析层利用分布式计算及电网仿真等技术，实现对电网全过程的模拟仿真、电气计算、空间分析、拓扑分析等功能；可视化展示与决策层运用模拟仿真与分析能力，实现基于GIS、动态响应的电网模拟仿真及全景可视化，提供历史数据查询与反演、自助式智能分析、多终端移动展示与决策支持，并支撑基于平台构建数字电网可视化应用。数据中心（含海量数据平台）可为数字电网平台提供底层支撑。

数字电网平台总体架构示意

3. 部署建议

平台宜采用两级（网—省）或三级（网—省—地）部署策略，上下级平台间定期同步模型等基础数据和共享数据，平台分级存储电网实时数据及属性数据。具体部署策略可在项目实施过程中进一步明确。其中，两级和三级部署策略对比如下表所示。

部署策略	优　势	劣　势
网—省两级	（1）利于管理和运维，集中优势人才维护省级平台； （2）利于省级数据的共享贯通； （3）与目前海量数据平台层级一致，利于获取调度运行数据	（1）上下级数据同步和传输对带宽需求较大，带宽不足时会有性能影响； （2）省级数据存储量需求较大
网—省—地三级	（1）实现与配网数据的本地交互，避免多级传输带来的延迟； （2）利于与配网数据快速实现对接，实现本地服务	（1）运行维护复杂度较高，对运维人员数量和质量有更高的要求； （2）要求海量数据平台部署到地级作为数据源； （3）需要地级配备相关硬件设备

4. 关联关系

数字电网平台结合现有数据中心的数据与处理能力，通过提取各个应用系统的数据，以及海量数据平台中调度运行的实时数据，建立电网及生产过程数字化模型，采集相应的数据，实现电网各类数据的全景展现和多维分析，构建全时空、多业态电网模拟仿真环境，向电网规划设计辅助决策、基建智能管控、投资效益评估等电网高级应用提供高效能的电网仿真和分析评估及辅助决策服务和二/三维全景可视化支撑，并可将分析结果反馈到应用系统中；总部平台与下级（省级）平台间通过数据同步机制，实现数据提取和同步。省级平台从省级数据中心、省级海量数据管理平台提取数据。以两级（网—省）部署为例，数字电网平台与其他系统的关联关系如下图所示。

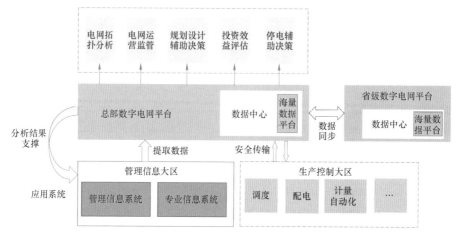

数字电网平台关联关系示意

（1）实现各类电网资源的全面数字化。以打造数字电网为目标，基于相关国际主流电网模型标准，构建电网资源、环境、资产等数字化描述体系，进一步完善面向智能电网建设与运营的统一电网信息模型，推动数据规范化描述体系建设，完善或新建所需系统，推进电网资源的全面数字化，为数字电网大数据存储、分析和应用提供基础支撑。

（2）促进数据流转与共享。基于现有信息系统或新系统，结合数据共享需求和数字电网描述体系，构建完善的数据共享和发布规范，进一步明确定义数据接口及构成。通过公共数据库、数据服务、数据接口等方式，打通各类数据采集和抽取渠道，全面归集电网经营管理、生产运行、科学研究等内部数据，以及经济、环境等外部数据，实现电网各类应用系统数据的有效共享和数据接口的统一管理，逐步打通发电、输电、变电、配电、售电和用电各环节、各业务间的数据链路，促进数据资产的有效集成与流转，实现数据源的统一管理。

（3）构建电网及生产过程的仿真分析及全景展示能力。构建各级电网的规划、建设和运行全生命周期的时空模型和仿真计算环境，开展公司规划、建设、运行、检修、服务等生产过程的数字化建设，构建仿真模拟分析平台；基于可视化、虚拟现实等技术，构建沉浸式虚拟现实展厅，实现基于真实数据驱动的高可靠度的电网全过程模拟仿真，支撑电网互动式的动态分析评价和动态优化调整，实现全景数字电网，支撑在线可视化潮流计算、网络重构、故障计算等功能。基于平台数据，对地图以外的图表、图谱、关系图、立体图等数据可视化类型，构建完善的可视化组件库，提升可视化展示应用支撑能力。

（4）试点推广电网大数据应用。基于平台底层支撑系统，重点推进企业级数字电网大数据应用，打造动态可扩展、按需定制的数字电网大数据应用建设新模式，试点建设电网生产领域的大数据应用；逐步提升大数据应用范围，支持个性化大数据应用，支撑智能决策，实现人数据增值服务。

2. 重点任务 30：加强"云、大、物、移、智"关键技术的应用

加强云计算、大数据、物联网、移动应用、智能控制等关键技术的融合应用，支撑服务智能电网发展。建设完善基础设施云平台，提升存储、计算、网络等资源的云服务能力；持续完善大数据平台能力建设，持续提升数据分析能力；推动物联网建设，提升智能设备感知与数据汇集能力，构建智能感知与数据汇集体系；拓展移动应用，扩展移动端业务功能，强化用户接入能力，提升应用便捷性。

（1）建设完善基础设施云平台。围绕企业级应用安全稳定运行所需，通过进一步夯实基础设施，实现基础设施云化，IT 设备国产化，实现从私有云向混合云模式转变；提升存储、计算、网络等资源的云服务能力，强化基础设施建设，保证平台资源与数据资产管理规模发展相协调。

（2）持续完善大数据平台能力建设。构建统一的电网信息模型标准、数据共享标准和机制，结合数据应用需求，合理规划数据资产分类，建立有效的大数据中心存储体系架构，涵盖基础数据库、准实时数据库和面向主题的数据仓库，规范数据存储结构布局。构建多租户与数据沙箱管理支撑，开放数据分析与共享服务，持续提升数据分析能力。优化大数据平台技术水平，完善大数据平台功能，提升平台安全性、可靠性、易用性和健壮性。

（3）提升智能设备感知与数据汇集能力。充分运用物联网技术，建立物联网数据采集渠道，进一步拓展数据资产接入能力，构建智能感知与汇集体系，构建电网资产物联网，实现与数据网的整合，提升电网设备互动能力，补全电网数据采集渠道，推动电网资产的全面数字化。基于移动互联网技术，拓展移动应用，支持手机、平板电脑、移动终端等设备进行数字电网大数据查询、分析、采集等应用，提供主要业务需求功能的移动端支撑。

（4）推动数据全生命周期管理体系建设。充分发挥数据资产经济效益，明确数据资产的决策和管辖权，建立有效的企业数据资产管理机制，推动数据

全生命周期管理体系建设，实现数据从识别、获取、质保、登记、应用、维护到报废的全过程管控。构建合理的组织管理体系，建立有效的协同机制，从数据来源、规范化、数据应用过程评估、数据实效性保证等方面，构建数据全生命周期管理体系。

（5）建立大数据安全管理体系。建立数据采集、存储、备份、处理和发布等关键环节数据安全规范和标准，拟定非共享数据清单，以保护涉及电网安全、客户隐私、商业秘密和知识产权等数据；提升数据安全监控水平，提升监管力度；实现分级分类安全保护。建立数据分级授权管理体系和数据加密存取机制，对不同类型、角色用户进行分级授权，实现用户对数据访问、功能使用权限的控制，形成数据安全管理规范体系，支撑各类数据资产的安全共享和使用。

九、重点领域九：全面覆盖的技术保障体系

全面覆盖的技术保障体系，是确保智能电网各领域、各环节健康、安全、有序发展，提升电网安防能力，减少事故损失，实现生产、传输、消费等各环节规范化、标准化管理的重要保障，应构建可监测、可溯源、可控制纵深防御技术体系和架构完善、管理规范、支撑有力的全面立体保障体系，全面提升应用系统、网络设备的安全防护水平。着眼能源产业全局和长远发展需求，修改和补充现有标准，形成系统、完备、开放的智能电网标准体系。围绕全面覆盖的技术保障体系领域建设，需要开展以下两个方面的重点任务。

1. 重点任务 31：构建全面覆盖的网络安全防护体系

按照"安全分区、网络专用、横向隔离、纵向认证"的原则，全面构建可监测、可溯源、可控制纵深防御技术体系和架构完善、管理规范、支撑有力的全面立体保障体系。开展网络安全新技术研究与应用，推进网络安全实验室、网、省技术支持中心及实训基地建设，强化攻防演练和应急处置能力。

（1）全面加强网络安全防护建设。完善电力监控系统网络安全技术标准体系，按要求配置安全防护装备，加快网络结构及边界安全改造，更换不满足反措、存在风险及超期服役的安全防护设备，提高系统本体安全防护水平。细化分区分域，实现"五区五网"防护架构，确保系统分区部署合规。建成涵盖全网各级主站及厂站的全方位网络安全状态感知预警平台及网络安全监控中心，构建可监测、可溯源、可控制的纵深防御体系，保障电力监控系统安全运

行。加快推进网络安全实验室及电力监控系统安全测评体系的建设，加快推进网、省电力监控系统安全防护技术支持中心及实训基地建设，完善电力监控系统国产密码基础设施，提升网络安全支撑水平。

（2）完善提升各大应用域应用系统及支撑平台的安全防护能力。落实资产管理、市场营销、财务管理、人资管理、协同办公、综合管理等应用域内各类应用系统设计、建设和运行环节的安防职责和工作内容；增强数据中心、各大支撑平台的安全防护水平，构建权限管控体系；巩固关键领域"进不来、拿不走、打不开、赖不掉"四道信息安全防线，提升公司信息安全主动防御能力、协同防御能力和纵深防御能力。

（3）开展网络安全新技术研究与应用。开展可信计算、国产密码、安全芯片、网络攻防等技术研究，强化安全基础。开展云计算、大数据、物联网、移动应用的网络安全防护体系研究。开展安全标签、调度数字证书、双因子认证以及 Linux 主机、虚拟主机防病毒技术研究与应用，开展基于 IEC 62351 应用研究，提升系统本体安全防护能力。研究公网通信网络安全技术，推广配网安全防护试点应用。开展网络攻防技术研究与应用，提升应急保障水平。开展人工智能在网络安全领域中的应用研究。

2. 重点任务32：构建完善的智能电网标准体系

以系统、互联、互动、完备、开放为原则，深入研究智能电网现有技术和未来发展方向，全面梳理现有电网技术标准体系。分析总结新需求及现行标准与未来智能电网发展的差距，补充新技术、新领域发展所急需的相关标准，并对现行标准体系中无法适应智能电网发展的相关标准进行修订与完善。促进智能电网和相关新兴产业有序、健康发展。在此基础上，努力把具有自主知识产权的相关技术标准进一步上升为国际标准。

（1）全面梳理现有电网标准体系，构建适应智能电网发展的技术标准体系，明确需增补、修订及完善的标准范围。在深入研究现有智能电网技术及未来发展方向的基础上，参考国际智能电网现行标准体系框架，通过系统分析的工作方法对现有电网技术标准进行全面梳理。分析总结智能电网在发展过程中由于新技术、新领域出现而对标准提出的新需求，及现行标准与智能电网发展的差距。在避免重复和缺失的前提下，按清洁友好的发电、安全高效的输变电、灵活可靠的配电、多样互动的用电、智慧能源与能源互联网、集成共享的信息平台、高效互动的调度和控制体系、全面贯通的通信网络、全面覆盖的技术保障体系等九个大领域分别提出为适应智能电网发展所需增补及修订的标准范围。

智能电网标准补充和完善的重点方向

清洁友好的发电：常规电源网厂协调、新能源发电并网、分布式电源并网、大容量储能系统并网。

安全高效的输变电：柔性直流输电、柔性交流输电、线路状态与运行环境监测运维、智能变电站、全寿命周期管理体系。

灵活可靠的配电：配电自动化、配电分布式电源并网、柔性配电网、配电储能系统并网。

多样互动的用电：高级量测体、双向互动服务、用电信息采集、智慧用能服务、电动汽车充放电、需求侧管理。

智慧能源与能源互联网：多能互补、微网、区域能源网络、智慧建筑及智慧小区。

全面贯通的通信网络：物联网、区域控制保护通信网络、通信网络安全、多表集抄通信网。

高效互动的调度和控制体系：安全可靠的"源—网—荷"协调互动控制体系、电源及负荷的高精度预测、全网运行智能监控及安全预警体系。

集成共享的信息平台：数字电网平台、云服务平台、移动应用及服务、信息应用系统、物联网。

全面覆盖的技术保障体系：信息安全防护、网络安全、市场交易平台。

（2）确定核心标准，并制定标准增补、修订的行动路线图。依据与智能电网的关系和重要性，选取部分与智能电网建设密切相关、系统性强、涉及面广、相对重要并对智能电网技术标准体系有重要支撑作用的标准作为核心标准。以优先制定近期智能电网发展急需的核心标准为原则，统筹规划标准增补、修订的近期及中长期行动线路图。

（3）以系统、互联、互动、完备、开放为原则，增补、修订及完善智能电网标准体系相关标准。智能电网贯穿电力系统发电、输电、配电、用电等各个环节，因此标准的完善需要从系统的角度出发，综合考虑系统的各种组成要素。在各环节的标准之间，统一协调有关技术及接口标准问题，以保证各标准之间能协调配合，满足各个环节的互联、互通及相互操作性，从而形成有机完整的体系。智能电网标准体系应该是一个开放的体系，能够及时增补、修订、完善，满足智能电网技术发展需求。

（4）持续滚动修编智能电网标准，保持标准的先进性。总结分析示范工程经验，分析当前技术标准与实际需求差距，并根据技术标准应用反馈及时对标准进行闭环修改。跟踪国际智能电网技术最新发展动态和发展方向，并积极参与智能电网相关国际标准制定，保持标准的先进性。

结　　语

当今世界，传统能源发展带来了环境、生态和气候等领域的一系列问题，迫切需要加快能源转型发展，构建清洁低碳、安全高效的现代能源体系，推动新一轮的能源变革。能源发展格局正经历着重大而深刻的变化。可再生能源逐步替代化石能源、分布式能源逐步替代集中式能源、传统化石能源的高效清洁利用、多种能源网络的融合与交互转变、市场配置资源的决定性作用的有效发挥，将是未来能源领域发展的主要趋势。电力作为可再生能源最为便捷、高效的利用方式，作为终端能源消费清洁化的重要途径，作为多能互补能源系统的核心，在清洁低碳能源体系中的作用也将显著提升。

智能电网自提出以来在世界范围内得到了广泛的认同。经过十几年来的实践探索，其概念和特征、内涵与外延不断得到丰富发展。随着全球新一轮科技革命和产业变革的兴起，先进信息技术、互联网理念与能源产业深度融合，推动着能源新技术、新模式和新业态的兴起，发展智能电网已成为保障能源安全、应对气候变化、保护自然环境、实现可持续发展的重要共识。智能电网贯穿电力系统发电、输电、配电、用电各个环节，是推动能源革命的重要手段，是构建清洁低碳、安全高效现代能源体系的核心和支撑智慧城市发展的基石。

随着智能电网的发展，未来电力系统必将完成由功能导向向价值导向的转变。其核心在于全面贯通发电、输电、配电、用电各环节的业务流程，整合电、热（冷）、气等各领域的能源需求，构建开放、多元、互动、高效的能源服务平台，支撑绿色、低碳、可持续的社会用能体系。能源转型、技术进步、机制创新将不断引领智能电网的发展完善。随着新能源的广泛应用、电能占终端能源消费比重的提升，以及先进电力技术发展等的不断推进，智能电网的发展和内涵还会不断深化，并呈现以下几个典型特征：

（1）系统灵活性、电网柔性化水平显著提升。大容量先进储能、多端直流、柔性交流输电、高温超导、在线监测等技术的发展，将驱动电网态势感知、调控能力的增强，资源配置和资产利用水平不断提升，更加有效地应对外部环境变化的主动性、灵活性、适应性，提高电力供应安全可靠保障能力。

（2）大电网和微网互为补充、协调发展。互联大电网可实现跨区域能源资源的协同优化配置，促进大规模清洁能源的开发。随着储能、分布式能源、微网等技术的发展，以终端用能需求为基础，形成若干类似细胞组织的网络结构，实现局部平衡、区域自治、整体互联。子系统功能不断演进，与整体相互融合，提升能源利用效率和服务水平。

（3）能源领域信息物理融合不断深入。传感、信息、通信、控制技术在电力系统深入融合，并整合电、热（冷）、气等各领域的能源需求，智能电网将发展为具备信息集成、广域协同、自主决策的智能网络，系统优化运营、抵御风险、配置资源的能力显著提升。

（4）电网由功能导向向价值导向转变。电网发展的重点将由提供电力产品转向满足用户广泛、多样的综合用能需求转变。随着能源技术的进步和体制机制的完善，智能电网将以电为核心、以能源服务为基础，构建全方位能源服务平台，支撑能源体系和社会经济的可持续发展。

伴随着科学技术的进步，能源的种类和利用形式将更加多元多样，电力系统也将向着更加复杂、更加智能的方向发展。可以预见，能源转型和智能电网在未来较长的一段时间内仍将是人类社会发展的重要主题，特别是智能电网的发展，必将极大地促进能源的转型发展和经济社会的发展升级。对能源和电力发展的不断探索，构建安全、可靠、绿色、高效的能源体系和智能电网体系，必将在推动社会可持续发展、实现人与自然和谐相处的进程中发挥举足轻重的作用，在人类发展历史上留下浓墨重彩的一笔。

参 考 文 献

［1］卢安武. 重塑能源：新能源世纪的商业解决方案［M］. 长沙：湖南科学技术出版社，2012.

［2］杰里米·里夫金. 第三次工业革命［M］. 北京：中信出版社，2012.

［3］诸住哲. 日本智能电网图解［M］. 胡波，译. 北京：中国电力出版社，2015.

［4］阿诺德·皮科特，卡尔－海因茨·诺依曼. 能源互联网［M］. 温瑞珏，董晓青，译. 北京：机械工业出版社，2016.

［5］王伟光，郑国光. 应对气候变化报告：《巴黎协定》重在落实，2016［M］. 北京：社会科学文献出版社，2016.

［6］刘建平，陈少强，刘涛. 智慧能源：我们这一万年［M］. 北京：中国电力出版社，科学技术文献出版社，2013.

［7］吴宗鑫，滕飞. 第三次工业革命与中国能源向绿色低碳转型［M］. 北京：清华大学出版社，2015.

［8］刘振亚. 智能电网技术［M］. 北京：中国电力出版社，2010.

［9］李立涅，张勇军，陈泽兴，等. 智能电网与能源网融合的模式及其发展前景［J］. 电力系统自动化，2016（40）：1-9.

［10］United States Department of Energy. Smart Grid：An introduction［EO/OL］. https：//energy. gov.

［11］European Commission. European technology platform smart-grids：Vision and strategy for Europe's electricity networks of the future［EB/OL］. http：//ec. europa. eu.

［12］United States Department of Energy Office of Electric Transmission and Distribution. Grid 2030：A national vision for electricity's second 100 years［EB/OL］. http：//www. oe. energy. gov.

［13］IBM. Smart power for a smart planet［EB/OL］. http：//www. ibm. com.

［14］Electric Power Research Institute. Intelligrid：Smart power for the 21st century［EB/OL］. http：//my. epri. com.